学術選書 079

マングローブ林

変わりゆく海辺の森の生態系

小見山章

KYOTO UNIVERSITY PRESS

京都大学学術出版会

はじめに

「あっ」と息をのむ大きなマングローブ林が、ほんの半世紀前までは、東南アジアの大陸沿岸部に残っていた。熱帯の暑い日差しの下、泥の上に堂々とそびえる巨木、果てしない緑の樹冠、森に入りこむ海、海と陸の生き物の交わり、それらのすべてが驚きをもって目に焼き付いた。こんな森には、何か得体の知れない現象が隠れているかもしれない。荘厳さとともに、そんな不思議を感じる森であった。ところが、同じ場所に通ううち、人間社会には物質があふれるようになり、そのうち、森の中にチェーンソーの音が響きはじめ、ついには、ほとんどの原生林が消えてしまった。

私は、森林生態学の研究者として働き盛りの時に、マングローブ林がすさまじく変化する現場に遭遇し、それを目撃すると同時にそこで研究を行うことができた。この経験を使うと、まるで実況中継のように、森林の変貌の仕組みを科学で分析して読者に伝えることができるかもしれない。これは、思いもかけない幸運に浴したのではないか。

森林の変貌は、人間社会に幸をもたらす場合もあれば、災いをもたらす場合もある。そのことを究明するためには、どうしても科学の行為が必要で、なかでも、地域の場に密着して森林の変化を見届ける行為がふさわしい。この時に、長期研究とフィールド科学という二つの言葉がその行為の鍵となる。私たちがマングローブ林で過ごしたのは、原生林が残る時代、ほぼ全域が二次林化した時代、荒廃地を植林で再生する時代の三五年間であった。それは、森の豊かさが急に失われた時期にあたる。

この変貌がなぜ起きたのか、マングローブ生態系の機能とは何か、人間は自然の豊かさを維持するためにどうすべきか、これらの疑問に、自らの研究活動を中心に据えて、周囲の社会をにらみながら答えたい。

それゆえ、本書の物語は私たちが研究を行った順、すなわち時系列で進行し、文章には「私たちが…、私が…」という第一人称を多く用いた。研究者が泥の中で考えたことを読者に示し、読み進むうちに時代のもたらした問題を解いていく構想である。

第1章では、マングローブの魅力と基礎知識を示した。第2章では、南タイに残る最後の原生林について書いた。第3章では、東インドネシアで、原生林の巨大さと他では見られない樹種分布の特徴を示した。第4章では、原生林が根の森であることを明らかにした。

そして、第5章からは、二次林の時代に話を移す。目の前で、マングローブ林が劇的に変貌した理由を示した。第6章では、地球温暖化の危惧に関係して、東タイを舞台に、二次林の炭素吸収量を明らかにした。第7章では、マングローブ植林で起こった具体的問題について書いた。最終の第8章では、自然が後戻りしないこと、科学情報に限りがある中で人間がどのように二次林世界を築くべきかについて書いた。

以上のことを、紀行文の文体を交えて、幅広い興味を持って読める内容にまとめた。どうしても専門的になる部分は、速読も可能なように、5個のボックスと用語解説に入れた。多数ある写真の中には、昔のフィルム・カメラ時代のものがあって、鮮明度がやや落ちるものの、今や貴重な映像となった。単なる言葉としての「マングローブ」ではない、生きる実体としてのマングローブを感じていただければ幸いである。

二〇一六年九月

マングローブ林◉目　次

第1章 マングローブ林に魅せられて

1 マングローブ林に魅せられて

マングローブの森は、太陽と月と大地と海の賜である。異形の樹木が緑の前線を海辺に築き、その上に熱帯の暑い日差しが降り注ぐ。月の引力と地球の自転で、海が干潮になると地面の泥が姿をあらわす。そこを覆いつくす根の間で、赤や黄色のカニが神秘的な舞踊をみせ、巻き貝が泥の上を這いまわっている。

そして満潮になると、じわじわと海の領域が森に進出して、潮に乗ってサヨリの群れが樹木の間を泳ぎだす。そのうち森一面が水浸しになり、しかたなく舟に乗り移る。舟のまわりでは、テッポウウオが水音を立てて小虫を狙い、翡翠色のカワセミ類が魚をもとめて飛びまわる。木には野菜のキュウリに似た実がぶら下がり、時々、ドブンと落ちて何処へともなく流れていく。

夕方になると夜行性の動物が目を覚まし、暗くなるにつれて、陸地でホタルが怪しく光りだす。そのうち真っ暗闇が訪れ、エビを捕る漁師の舟音が聞こえはじめる頃になる。ふと舟上から空を見上げると、天の赤道を真上に満天の星が輝いている。まるで蜃気楼のように、銀河が雲のように淡く光る。そして、海の中にも蛍がみえる。夜光虫だ。舟の澪筋がそのまま蛍光となり、淡い光りの世界が、まるでお伽話のように私を四面から包み込む。実に、身震いするような美しい情景である。こんなに彩りを持つ森林は、ちょっと他所ではお目にかかれない。まるで魔法をかけるように、マングローブ林は旅人の好奇心を誘う。

こんな魔力にとりつかれて、マングローブ林に通ううちに、気がつくと三五年間が過ぎていた。その間、マングローブ林は、変化しなかったどころのさわぎではない。原生林が少しだけ残る状態から、ほぼ全域が二次林で覆われる状態に変わり、ついには植林で森を再生しなければならない時代までを変遷した。私たちの研究も、それを背景に、樹木の資源量を求める研究から、新たに発生した地球温暖化の問題から炭素固定機能を推定する研究、そして植林を含めて森林を人工的に再生する研究へと移行した。こんな変化はあっても、私たちの長期にわたる研究を根本で支えていたのは、紛れもなく、前に述べたマングローブの魅力であろう。

もっとも、研究者にとって、このマングローブ林はなかなか大変な場所である。私たちの日常は、まず早朝にお粥の食事をとって、いつもの船頭が操る小舟で港から調査地に渡ることで始まる。森林で、汗だらけになって泥と根の上を歩き回り、仲間と一緒に巻き尺で幹の直径などを計測する。お昼にはビニール袋に詰めた混ぜご飯を平らげたあと、少し昼寝をしてから、蒸し暑くて蚊が飛び回る森林内で、夕方まで作業を続ける。時には、樹木を伐倒して重さを調べ、体中泥だらけになって根を掘らねばならない。精も根も尽きそうになる。

それでも、夕方に、帰りの舟や宿舎からみるマングローブ林は、オレンジ色の夕日を照り返して息をのむほど美しい（図1-1）。この時ばかりは、昼間のことなど忘れてしまう。

へとへとになって宿舎に帰りつくと、まず、泥だらけの服や体を洗う。細かい泥で汚れた衣服を手で洗うのは一仕事である。宿舎は、たいてい、マングローブ林の近くにあって調査にとって便利はよい。しかし、屋根は雨漏りして、部屋の中ではアリが行進している。夜になるとヤモリの仲間のトッケイが鳴き、蛍が明滅を繰り返す。風呂は水瓶の水をかぶるだけで、もちろん温水シャワーなどありはしない。雨季の水浴びは肌寒くさえ感じる。

夕食は、宿舎の外にある食事場にみんな集まって、お雇いコック手作りの料理を食べる。研究談義から四方山話まで、テーブルを囲んで会話がはずみ、料理のメニューも朝昼よりは少しばかり豪華で

図1-1●夕日を浴びて輝くマングローブ（東タイ・トラートにて、2002年撮影）

ある。食事の後は、暗い部屋で遅くまでデータ整理をして、そのうち倒れ込むようにして寝台でぐっすり朝まで眠りこける。

私は六〇歳すぎになるまで、毎年何ヶ月間かマングローブ林でこんな生活を送った。現地調査の後は岐阜大学に戻って、同行した学生諸氏とともに、研究室ゼミでデータを綿密に検討する。そして、彼らの卒業論文や修士論文を仕上げる。また、数年分のデータを使って学術雑誌の論文をまとめる。これが済むと再び構想を練って、研究を前に進める手筈を整える。そして、翌年、新しい計画を持ってマングローブ林に出かける。これから書く物語は、この繰り返しで生まれた。

さて、私がはじめてマングローブと出会ったのは、大学の釣りクラブの遠征で沖縄の西表島に行った時だった。もう、四〇年も前のことである。その時は、河口に背の低い木立が水中に立っていて、樹上にキュウリのような実がぶら下がっていた程度の記憶しかない。「釣り師、森を見ず?」で、自分が農学部林学科の学生であったことを考えると、ずいぶん迂闊なことであった。まして、この森と自分が、それから生涯かけて付き合うことになるとは、当時、想像もできなかった。

一九七〇年代の日本では、マングローブとは何か、ほとんど誰も知らない状態であった。生物学や生態学の教科書にもマングローブの記載はなかったし、林学の研究者でさえもマングローブのことを知る人は少なかった。もっとも、世界的には、ニュージーランドのV・J・チャップマンが著した『マングローブ植生(1)』と、アメリカのP・B・トムリンソンが著した『マングローブの植物学(2)』という、二冊の古典格の著書があい前後して出版されていた時期であった。今でもこれらは、マングローブ研究者のバイブルである。前者はマングローブ林とその内部における植生の分布を、後者はマングローブの形態・分類と生態・生理を詳しく紹介している。その四〇年後の今では、高校の生物の教科書に、マングローブが記載されるようになった。マングローブに関する日本語の解説書も出ている。(3)(4)(5)(6)多数の人が、珍奇な熱帯の樹木として、マングローブに強い興味を抱くようになった。

しかし、マングローブ林と最近の変貌について、生々しい現実の姿を見届けた研究者は意外にも少ない。まして、この変貌のことを、自らの研究成果を綴ってまとめた科学書は皆無である。

2 マングローブ林について

本論に入る前に、ここから第6節まで、マングローブ林の基礎知識を頭に詰めておくことにしよう。

マングローブに関する最初の記述は、紀元前四世紀末頃のテオプラストスの『植物誌』に遡る。(7)「マングローブ」という言葉はマレー語ないしはポルトガル語に起源を持ち、その用語は潮間帯に分布する木本植物の総称を意味している。つまり、「マングローブ」は単一の樹種ではなく、耐塩性を持つ樹種群を指す言葉なのである。それらは、木本で唯一の塩性植物でもある。マングローブの森林

図1-2●メヒルギと親木に付いた胎生稚樹（鹿児島県・喜入にて、2014年サシトーン氏撮影）

を表す言葉として、「マンガル」があるが、現在ではほとんど使われなくなった。これには、単純に「マングローブ林」を使う方がわかりやすいからだろう。

マングローブが分布する潮間帯（あるいは感潮域ともいう）とは、満潮と干潮の間で日常的に潮が侵入する場所のことを指す。正確にいうと、潮間帯の上部の狭い範囲がマングローブの生息域となる。潮間帯では、潮の動きにしたがって、塩分を含む海水が地表から入り込んで、そこは川のような強い水流に見舞われる。そして、潮が引いたあと、地面は強い日差しにさらされる。マングローブ林という植生が、月という地球の衛星の影響下にあるのが面白い。

世界には約九〇種のマングローブ植物が存

在し、そのうちインド・太平洋地区には六〇種あまりが存在している。その北限は、我が国の鹿児島県南部にあるといわれている（図1-2）。ただし、人工的に植栽された森林としては、伊豆半島の先端にもマングローブ林が、多くの芽生えや稚樹とともにかなり大きく育っている。暖かい海があれば、温帯でもマングローブはかろうじて生存できるようだ。

トムリンソンは、マングローブの構成種を、「主要マングローブ」と「準マングローブ」および「随伴種」に分けている。[2] これらのうち、「主要マングローブ」とは、耐塩性とともに後述する気根や胎生稚樹を持つ種であり、まさに典型的なマングローブ樹種が、このカテゴリーを形成している。「準マングローブ」とは、耐塩性は持っているが、気根と胎生稚樹を必ずしも持たない樹種である。これらも、マングローブ林ではよくみる植物である。「随伴種」とは、マングローブ林のはずれにある後背地や、砂地の場所に分布する樹種である。

トムリンソンが世界中で数えたのは、主要マングローブで五科九属三四種、準マングローブで一一科一一属二八種、随伴種で二七科四六属六〇種である。ただし、これらの数は研究者によってやや異なっている。東南アジアになじみの深い樹木の属名と代表的な樹種和名を挙げると（ラテン名は表1-1参照）、「主要マングローブ」には、アビシニア属（沖縄等に分布するヒルギダマシなどを含む）・ルムニッツェラ属（ヒルギモドキなど）・ニッパ属・ブルギエラ属（オヒルギなど）・セリオプス属・ライゾフォラ属（ヤエヤマヒルギなど）・ソネラティア属（マヤプシキなど）がある。「準マングローブ」には、

表1-1●本書に登場するマングローブの科名・属名・種名

本文で一部カナ書きした樹種の学名を示した。種（属）名と学名を、科毎（あいうえお順）に整理し、沖縄など日本に分布するものについては、現地名を括弧で記した。また、カギ括弧には、トムリンソンの分類で「主要マングローブ」、「準マングローブ」、「随伴マングローブ」の区分を示した。

科	種名	本文中でのカナ表記	区分
(あおい科)	*Hibiscus tiliaceus*	ハイビスカス・ティリアシウス（オオハマボウ）	「随伴」
	Thespesia populneoides	テスペシア・ポプルネオイデス	「随伴」
(あおぎり科)	*Heritiera littoralis*	ヘリティエラ・リトラリス（サキシマスオウ）	「準」
(いのもとそう科)	*Acrostichum aureum*	アクロスティクム・オウレウム（ミミモチシダ）	「随伴」
(きつねのまご科)	*Acanthus spp.*	アカンタス属	「随伴」
(くまつづら科)	*Avicennia marina*	アビシニア・マリーナ（ヒルギダマシ）	「主要」
	Avicennia alba	アビシニア・アルバ	「主要」
	Avicennia officinalis	アビシニア・オフィシナリス	「主要」
(さがりばな科)	*Barringtonia spp.*	バリントニア属	「随伴」
(しくんし科)	*Terminalia spp.*	ターミナリア属	「随伴」
(せんだん科)	*Xylocarpus granatum*	ザイロカルパス・グラナツム	「準」
	Xylocarpus moluccensis	ザイロカルパス・モルケンシス	「準」
(たこのき科)	*Pandanus spp.*	パンダヌス	「随伴」
(とうだいぐさ科)	*Excoecaria agallocha*	エクスコエカリア・アガロッカ（シマシラキ）	「準」
(のうぜんかずら科)	*Dolichandrone spp.*	ドリカンドロネ属	「随伴」
(はまざくろ科)	*Sonneratia alba*	ソネラティア・アルバ（マヤプシキ）	「主要」
	Sonneratia caseolaris	ソネラティア・カセオラリス	「主要」
(ひるぎ科)	*Bruguiera gymnorrhiza*	ブルギエラ・ジムノライザ（オヒルギ）	「主要」
	Bruguiera parviflora	ブルギエラ・パービフローラ	「主要」
	Bruguiera cylindrica	ブルギエラ・サイリンドリカ	「主要」
	Ceriops tagal	セリオプス・タガル	「主要」
	Rhizophora mangle	ライゾフォラ・マングル	「主要」
	Rhizophora apiculata	ライゾフォラ・アピキュラータ	「主要」
	Rhizophora mucronata	ライゾフォラ・ムクロナータ（ヤエヤマヒルギ）	「主要」
	Rhizophora stylosa	ライゾフォラ・スタイローサ	「主要」
	Kandelia obovata	カンデリア・オボバータ（メヒルギ）	「主要」
	Kandelia candel	カンデリア・カンデル（メヒルギ旧学名）	「主要」
(ひるぎもどき科)	*Lumunitzera racemosa*	ルムニッツェラ・ラセモザ（ヒルギモドキ）	「主要」
(まめ科)	*Cynometra spp.*	サイノメトラ属	「随伴」
	Derris spp.	デリス属	「随伴」
	Intsia spp.	イントシア属	「随伴」
(みそはぎ科)	*Pemphis spp.*	ペンフィス属	「随伴」
(やぶこうじ科)	*Aegiceras corniculatum*	アエジセラス・コルニキュレータム	「準」
	Aegialtis rotundifolia	アエジアルティス・ロツンディフローラ	「準」
(やし科)	*Nypa fruticans*	ニッパ・フルティカンス（ニッパヤシ）	「主要」

エクスコエカリア属（シマシラキなど）・ペンフィス属（ミズガンピなど）・ザイロカルパス属・アエジセラス属・アクロスティクム属（ミミモチシダなど）・ヘリティエラ属（サキシマスオウなど）がある。「随伴種」には、アカンタス属・ドリカンドロネ属・ターミナリア属・カロフィラム属・バリントニア属（サガリバナなど）・サイノメトラ属・デリス属・イントシア属・ハイビスカス属・テスペシア属・パンダヌス属（タコノキなど）がある。これらの一部には木本以外の植物も含まれている。

東南アジアに分布するマングローブの樹木は、ほとんどすべてが常緑広葉樹である。唯一の落葉広葉樹はシマシラキで、その樹液には毒がある。触れると皮膚がひどくかぶれ、目に入ると失明することもあるそうだ。マングローブ地帯に、針葉樹は存在しない。木本植物以外では、開けた場所や伐採跡地にシダ植物のミミモチシダがしばしば見られる。このシダが伐採跡地で繁茂すると、マングローブ林の更新が阻害されるので注意のいる植物である。

マングローブの後背地は、バック・マングローブとも呼ばれ、潮の影響をあまり受けない場所である。随伴種のサガリバナ（*Barringtonia racemosa*）が美しく咲く場所でもある。また、マングローブ林地帯では、潮流の関係で海岸に小砂丘が生じることがある。その砂地の上には、タコノキの類（*Pandanus* 属）やハイビスカス（オオハマボウなど）が分布している。なお、東南アジアはことにマングローブ林が発達する地域で、種数でも森林面積でも世界最大に達するといわれている。

チャップマンによると、マングローブは七千万年前の白亜紀に、陸上の森林から海の中へと進出し

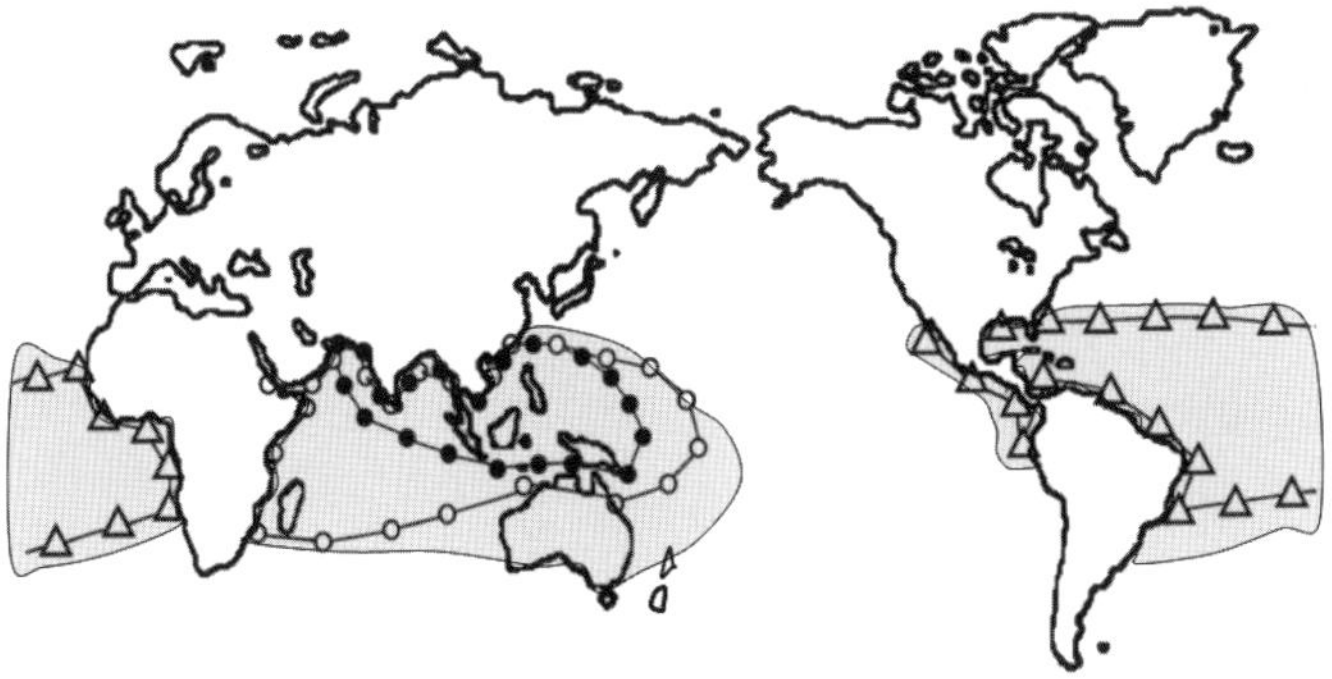

図1-3●マングローブの自然分布（Chapman 1976を参考に作図）
灰色の部分がマングローブの世界分布を示す。このうち、東南アジアを含む東側では、*Rhizophora mucronata*（○）が広域に分布しており、*R. apiculata*（●）はそれより分布域が狭い。西側では、アフリカ大陸西岸と南北アメリカ大陸に分かれて、*R. mangle* と *R. racemosa* などが分布している（△）。現在では、森林破壊や植林などの関係で、分布の姿も大きく変わっているだろう。

た[1]。陸上で植物の種間競争が激化したので、マングローブは他の植物が苦手とする塩性環境を克服して、陸地での競争を嫌って新天地に乗り出したのである。当然ながら陸起源の樹木である証拠として、陸上の熱帯雨林の中にも、アニソフィリア属（*Anisophyllea*）のようなひるぎ科（Rhizophoraceae）の樹木が存在するようだ[8]（今は別科とされることがある）。

マングローブ林は、現在、世界中におよそ一五万平方キロメートルの面積があるといわれている[9]。このうち、南アジアと東南アジアのマングローブ林が全体の四二％を占め、次いで広いのが南北アメリカの二七％である。また、西アフリカに一五％、オーストラリアに一〇％、東アフリカと中東に六％が分布している[10]（『世界マングローブ・アトラス』による）。

世界地図上で、マングローブの自然分布をみると（図1-3）、熱帯及び亜熱帯の沿岸の多くがマングローブで占められている。マングローブの分布は地球の東と西に大別され、西側のアフリカ西岸―南アメリカ東岸に大西洋を挟んで分布する種群と、東側のアフリカ東岸―インド・太平洋地区に分布する種群がある。このような現在の分布は、大昔の大陸移動でゴンドワナ大陸が分裂した時、マングローブが別々の大陸に乗って分かれたことを反映している。

主要なマングローブとして、東側を代表する樹種にライゾフォラ・ムクロナータと同属のアピキュラータがある。図にみるように、ムクロナータは分布域がとくに広く、東側域のほとんどをカバーしている。一種の樹木が、こんなに広い分布を示すのも稀なことであろう。アピキュラータは、それよりも分布範囲が狭いとはいえ、インドから東南アジア全域とニューギニア島まで分布している。一方、西側を代表するライゾフォラ・マングルは、前述の大陸移動の影響で、中南米と西アフリカで二つの大陸に分布している。

実は、こんなに分布域が広いのに、マングローブ林の総面積は熱帯林全体の一％弱を占めるに過ぎない。マングローブ林のすべてを集めても、日本にあるスギ・ヒノキの人工林の面積より少し大きいぐらいしかない。この森林は、海岸線を細長く覆っているだけなので、広いように感じても実際の面積は小さいのだ。総面積だけで考えると、マングローブ林が、こんなに注目を集めるのは意外なほどである。

残念なことに、近年、マングローブ林は世界中で減少の一途をたどっている。(11) 一九九七年までに、東南アジアのタイとフィリピンでは、マングローブ林の五〇～六〇％の面積が減少してしまった。都市国家に近いシンガポールでは、なんと九〇％以上が減少している。唯一、マレーシアだけは、おそらく森林経営に力を入れているせいで、その減少率が一〇％程度と小さい。いま、世界中のどこでも、海岸域は人間にとって有用な場所となった。そこでは、製炭、エビ養殖池、スズ鉱の採掘、農耕地化、宅地化、工場地化、そして観光地化が起こっている。面積減少の第一原因は、まちがいなく人間である。

3 海水に対抗するマングローブ

マングローブは、陸上の高等植物である樹木が海の環境へ進出するという、ちょっと奇抜な挑戦を行った。これは、大昔に肺魚の類が水界での生存競争に疲れて、陸上に上がったのと対照的である。当然、そこには様々な障壁が待ち構えていた。通常の陸上植物は潮間帯では暮らせない。なぜなら、高い塩分濃度に耐える生理機構が存在しないためである。このことは、陸地に生える植物を塩水につけてみるとすぐわかる。植物は吸水ができずに枯れてしまう。また、台風などで強い潮風が樹木の葉に当たると塩害がおこり、塩で気孔がふさがるなどして葉が萎れることもある。
もともと樹木は、水と深い関係で結ばれた陸上生物である。樹木は高さを稼ぐことによって、他の植物より太陽光を余計に受け、葉の光合成を有利にする戦略を選んだ。地球上では太陽光は頭上からしか来ない。だから、背の高い植物ほど、光を得る面で他よりも有利になる。実はこの代償も大きく、背の高い樹木は葉に水を供給するのに大変苦労しているのだ。樹木は大量の水を必要とする植物である。

樹木は、根から葉まで水のパイプがつながる道管を、幹の内部に多数配置している。道管を含む木材は、木質繊維によって重い樹体を支持し、同時に水を上方へ運ぶ仕組みを持っている。道管は直径が非常に細いので、一〇メートル以上の高さになっても、その凝集力により水のパイプが途切れない。葉の蒸散によって生じた負圧によって、道管中の水が上方へと移動する。また、根の細胞の浸透圧が吸水に関係するとされている。葉に達した水は、光合成に使われるほか、蒸散時に気化熱を発生する。

このような吸水の仕組みは、通常の樹木でもマングローブでも変わりはない。しかし、根で取り込んだ道管の水が、葉の組織細胞に取り込まれる際に、淡水環境と海水環境では事情が大きく異なっている。海水には塩分が三%程度溶け込んでおり、その分だけ高い浸透圧を持っている。このために、通常の植物は海水を吸収することができず、陸上植物にとって海の中はまるで砂漠のような状態となってしまう。私たちは、これを生理的乾燥状態と呼んでいる。海水に対抗する機構を持つために、マングローブは潮間帯で暮らすことができるのだ。

では、マングローブは、どうして海水を使えるのだろう。現在、樹木内の水分輸送は、「水ポテンシャル」という自由エネルギーの概念で説明されている。同じ一リットルの水でも、溶液の濃度によって水ポテンシャルは変化する。水は、水ポテンシャルが高い方から低い方へと移動する。たとえば、土壌水の水ポテンシャルは、様々な物質が溶け込んで低くなっている。したがって、根の表皮細胞は、水ポテンシャルを土壌水よりさらに低くしないと、土壌から水を取り込むことができない。

なお、水ポテンシャルは、「浸透ポテンシャル」だけでなく、「圧ポテンシャル」によっても変化する。この圧ポテンシャルは、細胞内では膨圧に関わる圧力であり、それがプラスでないと細胞が原形質分離を起こして植物は萎れてしまう。基本的に、(水ポテンシャル)=(浸透ポテンシャル)+(圧ポテンシャル)の関係が成立している。

前述のように、土壌に含まれる水分は、水ポテンシャルの傾度に従って、選択透過性を持つ根の表皮から取り入れられて、通導組織(道管)に流れ込み、そこから葉の組織に入って光合成と蒸散に使われている。マングローブの死活に関わるのは、根の水ポテンシャルを海水のそれより低くし、葉の水ポテンシャルを道管水のそれよりさらに低くしないと、水が樹体の中を流れないことである。

早稲田大学の森川靖が示したひとつの実験例によると[12]、マングローブの水ポテンシャルの値は、

海水＝根（－3.0）＞道管（－3.03）＞葉組織（－3.2）

となり、わずかな差ではあるが、葉組織で水ポテンシャルが一番低くなっていた。マングローブは、微妙な水ポテンシャルの差で海水を根に取り込み、道管を通して葉の組織に供給していることがわかる。なお、括弧内の数値の単位はメガパスカルであり、この水ポテンシャルの値は海面の位置にある純水をゼロとしている。

樹体中を水が流れる過程を、この実験例で、もう少し詳しくみていこう。まず、マングローブの根では、生きた細胞として膨圧を保つために、正の圧ポテンシャルが必然的に発生する。森川靖が調べたように、根の組織は、これを打ち消すだけ浸透ポテンシャルを低めて、海水よりも低い水ポテンシャルを獲得していた。ということは、マングローブの根自体の浸透ポテンシャルは、意外にも海水よりも低いのだ。浸透圧を調整するのに使われている物質は、炭水化物やタンパク質であるそうだ[13]。

つぎに、マングローブの根の組織から道管への水分移動のことを考えよう。森川靖の実験によると、マングローブの道管の水には、高い負の圧ポテンシャルが掛かっていた。その原因は、前述の蒸散作用にあると考えられる。一般に、気孔から水分が蒸発すると、それに応じて葉の細胞の溶質濃度が高まる。この時の水ポテンシャル差で、葉の組織内を水が移動していくといわれている。マングローブの場合も、この力が道管に負圧を生じさせて、根から道管へ水が移動したものと考えられる。

そして、マングローブの葉では、浸透ポテンシャルがさらに低いことがわかる。マングローブの葉は、溶質濃度を高く保ち、それによって生じる低い浸透ポテンシャルの中でも、圧ポテンシャルをわずかにプラスに保って、細胞の原形質分離が生じないようにしていた。これらの結果として、水ポテンシャルは道管水より低くなり、水が生きた葉の細胞に流れる経路ができている。

以上のことをまとめると、マングローブは、細胞のタフな膜構造と生合成機構を使い、浸透ポテンシャルと圧ポテンシャルを巧みに調整して、根から葉まで水が流れる仕組みを作っているのだ。

さらに、樹種によって、マングローブの道管水の塩分濃度自体が異なることも知られている。P・F・ショランダーらが行った有名な実験[14]によると、マングローブは、道管水の塩分濃度が高くて葉面からの塩分排出速度が速いものと（アエジセラス属、アエジアリティス属、アビシニア属）、相対的にそれらより塩分濃度が低くて排出速度が遅いもの（ルムニッツェラ属、ブルギエラ属、ライゾフォラ属、ソネラティア属）の二グループに分けられる。前の森川靖が示す水ポテンシャルの実験例は、前者の種に基づくと思われる。

つまり、種別にみる道管水の塩分濃度と塩分排出能力は、相互に関係しているようである。ショランダーらは、前三属を「塩分分泌者」、後の四属を「非分泌者」と呼んだ。

まず、「塩分分泌者」は、土壌水の塩分を相対的に高いまま利用することで、根での吸水を容易に行うことができる。しかし、樹体には塩分集積という重大問題が発生する。実際、アビシニア属樹種

図1-4●炎熱下、アビシニア・オフィシナリスの葉面で結晶した塩（南タイ・ラノンにて、1984年撮影）
　一部のマングローブは、葉の表面にある塩腺から樹体に入った塩分を排出している

は、過剰の塩分を葉面にある塩腺組織（図1-4）から排出したり、塩分が集積した枝葉を樹体から切り捨てたりして、樹体内の塩分集積量を減らしている。一方、「非分泌者」は、塩分集積の程度を軽くできるかわりに、水が樹体に入る時点で、できるだけ塩分をブロックする巧妙な水ポテンシャル上の仕組みを作っておく必要があるのだ。

　どちらの場合も、海水の作りだす環境に対抗するために、マングローブが産み出した知恵である。しかし、こんなに工夫を凝らして海水を使うのは、マングローブにとっては大変だろう。乾燥気候で海水の塩分濃度が高くなると、吸水はなおさら困難になる。中東のマングローブ林で、塩分の排出機構を備えたアビシニア属の低木が多いのはこのためであろう。

予想されることとして、大きな河川が流入する場所や、はっきりした雨季がある地域では、マングローブがかなりの割合で淡水を使用している可能性がある。[15] 室内で、胎生稚樹を淡水で飼育しても、それらが長期間生存することから考えて、マングローブは淡水でもかろうじて生きることができる。マングローブの耐塩性は、潮間帯に棲むことで他種を避ける競争排除のためのもので、実際の成長は雨季に供給される淡水に依存していることが考えられる。このことは、私たちの最新の実験結果を入れて、後にボックス4で詳しく述べる。

マングローブが対抗しなければならないのは、海水中の塩分ばかりではない。樹体が、潮流に曝されることも、樹木の生存に関わる一大事となる。水流のもとに生き残る繁殖様式と、後に述べる樹体支持の仕組みは、海のそばで暮らすための重要な要素となる。マングローブは、これらを乗り越えて繁殖した結果、地理的に非常に広い範囲で海岸部に分布することができたのだ。

マングローブは様々な形態・繁殖上の適応力を示している。マングローブが示す有名な繁殖様式に、ひるぎ科の「胎生稚樹」がある。古くは胎生種子とも呼んでいた。胎生稚樹は一種の繁殖子であり、母樹に付いたまま発芽して胚軸を伸ばす（前図1-2、図1-5a）。前述のキュウリのような実がこれにあたる。この胎生稚樹は、母樹から落下する時点で、すでに通常でいう稚樹の状態にまで育っている。

b c

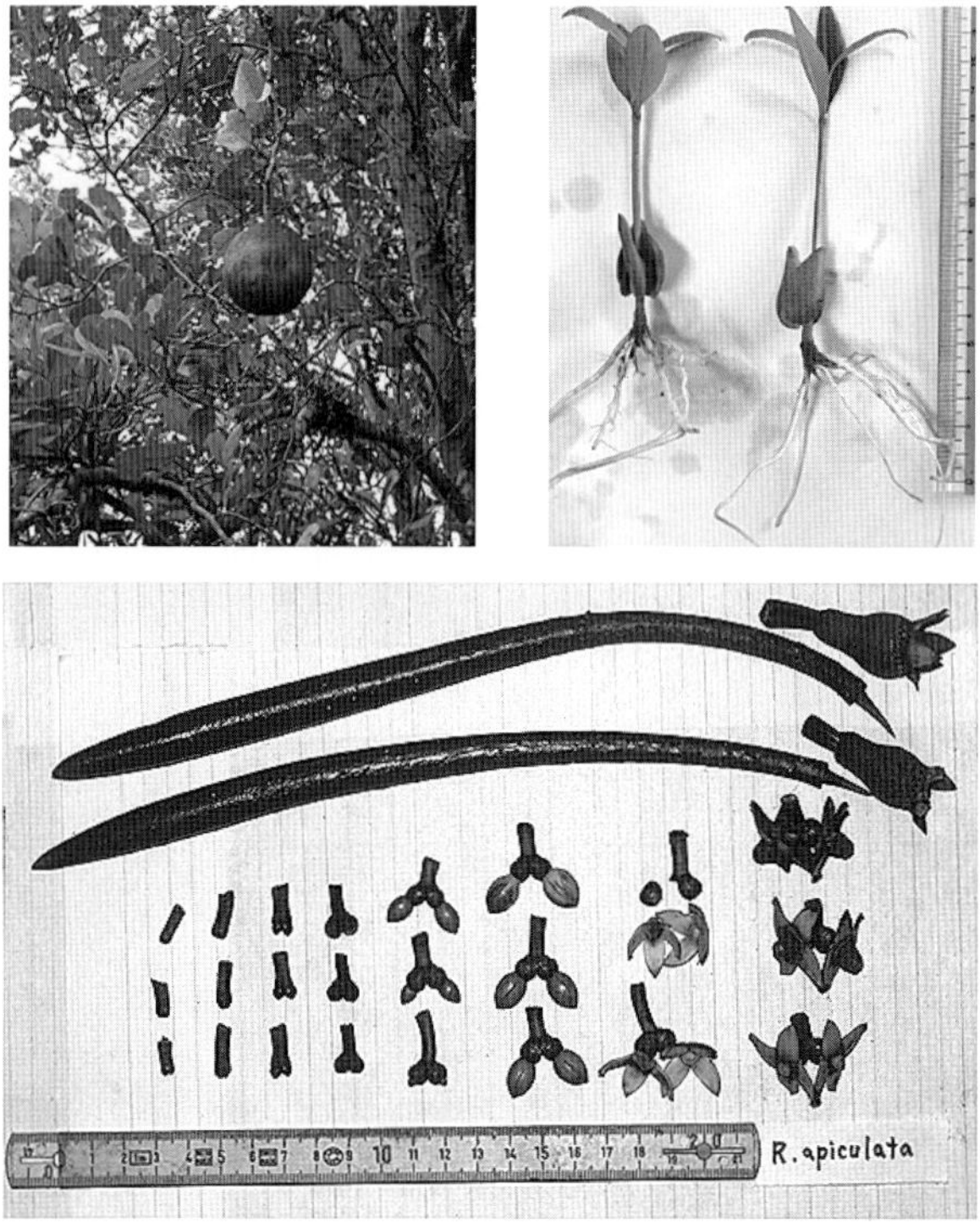

a

図 1 - 5●マングローブの繁殖子 3 態（南タイと東タイにて、1983 ～ 2015 年撮影）

a. ライゾフォラ・アピキュラータ（香川大学守屋均氏の協力による）：図の左から右に、花から果実が形成され、胚軸が伸び、成熟した胎生稚樹に育つ。b. ザイロカルパス・グラナツム：砲丸の形をした大きな実の内部に、数個のタネを含んでいる。c. アビシニア・アルバ（播種後 1 ヶ月の稚樹）：基部に付く“そら豆”のような部分が元の繁殖子の部分。この部分は、本葉が出て数ヶ月後に脱落する。

干潮時に地面に落下した胎生稚樹は、泥にささる場合と地面に寝る場合がある。泥にささる場合は、そこで胎生稚樹の成長が始まる。地面に寝る場合は、まず胎生稚樹の下端から幼根が出て地面に定着し、その後に胚軸が上向きに反り返って、結局、胎生稚樹が垂直に立つように育つ。もちろん、胎生稚樹の一部は、落ちた場所には定着せずに、水流によって上流か下流のどちらかへ流される。

この胎生稚樹の形態や大きさも、樹種によって変化する。前掲のトムリンソンの著書[2]には鮮明な図譜が載せられている。ライゾフォラ・ムクロナータでは、胎生稚樹は六〇センチメートルの長さにもなる。一方、ブルギエラ・ジムノライザの胎生稚樹は、俗にいうずんぐりむっくりの形をしており、長さも二〇センチメートル程度で、赤い色の萼を付けている。アエジセラス属のコルニキュレータムは、青唐辛子のような形状の繁殖子を付ける。

また、果実が大きな砲丸の形になるザイロカルパス・グラナツムや、そら豆のような形になるアビシニア・アルバの果実がある（図1-5bc）。これらを半胎生と呼ぶこともある。

マングローブの繁殖子は、海水に落ちても大丈夫なように塩分耐性と浮力を備えている。ひるぎ科の胎生稚樹が、海水に浸ったまま二ヶ月間も生きた例があるそうだ。水流による胎生稚樹の移動については、南タイで実験した結果を第7章で示すことにする。

繁殖子が胎生を確実に示すのは、前述のライゾフォラ属やブルギエラ属など「ひるぎ科」の樹木である。他科でも、アビシニア属やニッパヤシ、アエジセラス属の繁殖子もほとんどが胎生を示す。し

図1-6●ライゾフォラ・アピキュラータの支柱根（南タイ・カパーにて、1983年撮影）

蛸足のように太い地上根を四方に伸ばし、不安定な泥の上で重い樹体を支持している。泥の状態にあわせて、個々の根を張ることが可能である。その表面には皮目があるので、呼吸根としての役目も果たしている。

かし、主要マングローブでも例外的に胎生を示さないルムニッツェラ属のような樹種も存在する。また、準マングローブで、エクスコエカリア属のシマシラキ、ザイロカルパス属、ヘリティエラ属のサキシマスオウなどの樹木の実は胎生を示さない。

このように、胎生稚樹を持つことだけが、海辺で暮らす樹木の必須条件ではない。ただし、稚樹がすばやい成長を示す体制を持つことは必要である。なお、私たちが庭木でよく目にする常緑針葉樹であるイヌマキ（*Podocarpus macrophyllus*）の実も胎生を示すらしい。繁殖に胎生稚樹を使うのは、マングローブだけではないようだ。

4 根と泥の奇妙な関係

マングローブは、奇妙な形態の根を持っている。最も有名なのは、ライゾフォラ属樹種の「支柱根」であろう。幹のまわりに蛸の足のように根を張って、一本一本の支柱根の力を合わせて全体の樹体を支える根系を持っている（図1-6）。この根系は、水流によって地面の形状が変わっても、新しい支柱根を作って地盤が弱くなった方向へそれを伸ばすことができる。このタイプは、マングローブ域の中でも、不安定な泥の上でみられる。

つぎに、ブルギエラ属やザイロカルパス属の樹種は「板根」を持つことが多い。その姿は、まるで大きな尾翼を持つ宇宙ロケットのような姿をしている（板根の形は図2-1参照）。支柱根と比べると、泥上で、板根は樹体を支持する力が小さいに違いない。また、ブルギエラ属の樹木は、地上に突き出す呼吸根として「膝根」を持っている。膝根は、ちょうど人間の膝を曲げたような形で地上に数十センチメートルほど頭を出している（図1-8）。後で述べるように、地下でケーブル根に中継されて、板根の基部と膝根はつながっている。

また、ソネラティア属の樹種や、アビシニア属の樹種は、地下のケーブル根上に、「直立気根」と呼ぶ根を付けて、それらを地上に伸ばしている。一本の樹木が、夥しい直立気根を持ち、それらが密

図1-7●岸辺を覆うソネラティア属樹木の直立気根（東タイ・トラートにて、2009年撮影）
直立気根が密生して、地面はまるで地獄の針の山のような状態になる。この直立気根から酸素を取り込んで、地下根の呼吸を助けている。

生する様子はまるで針の山のようである（図1-7）。よくみると、一本のケーブル根につながる直立気根の群れが、ひと続きになって地面に並んでいる。このタイプの根系は、マングローブ域の中でも、海や川の前面に分布することが多い。

この直立気根は樹種によってサイズと形状が様々で、トムリンソンの本には、長さ三メートル近いソネラティア属樹木の直立気根を、研究者が誇らしげに掲げる写真が載っている。直立気根の長さは、その樹木が置かれた場所の水の深さと関係して変化するようだ。一般に、アビシニア属の直立気根は、直径が細いし長さも短い。ザイロカルパス属のそれは中庸の長さを持ち、円錐形というよりも扁平

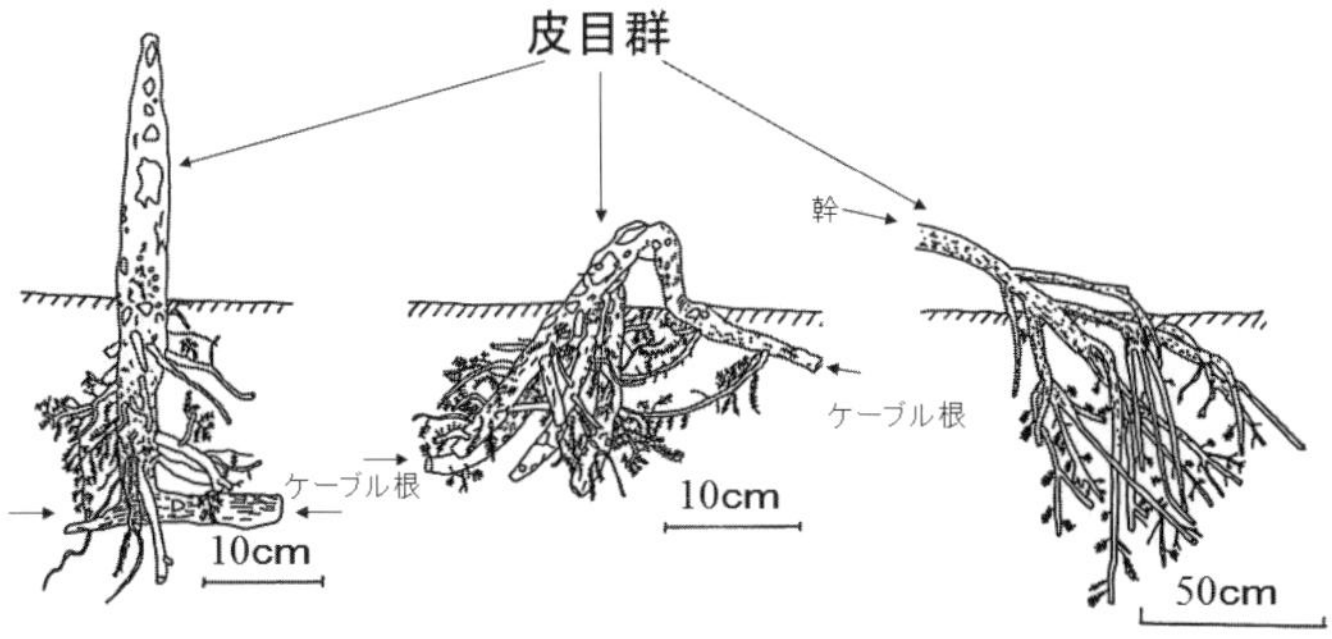

図1-8●マングローブの呼吸根の3形態（著者原図）

土壌中の酸欠状態に対抗するために、マングローブは様々な形態の呼吸根を地上に出している。地上根の表面には皮目がある。どの形態でも、呼吸根は地下のケーブル根と連結しており、ケーブル根からさらに分岐する細根に空気を送っている。

な外形をしている。ソネラティア属樹木の直立気根は、海水の深さに応じて変化し、トムリンソンの本の例のように、海水面の高い場所では非常に長くなる。

なぜ、マングローブは、地上に直立気根や膝根などの呼吸根（図1-8）を出さねばならないか、その理由は次のようである。マングローブ林の地下は水浸しで、根はそのままでは呼吸することができない。根が呼吸できないと、水分や養分の吸収など、根自体が受け持つ生理的機能を果たすことができなくなる。マングローブも、他の生物と同様に、呼吸により樹体内に蓄えた糖分を酸化して、その時に生じるエネルギーを生命活動に使っているのだ。

普通の森林と違って、マングローブにとって問題なのは、つらい酸欠状態が地下にあること

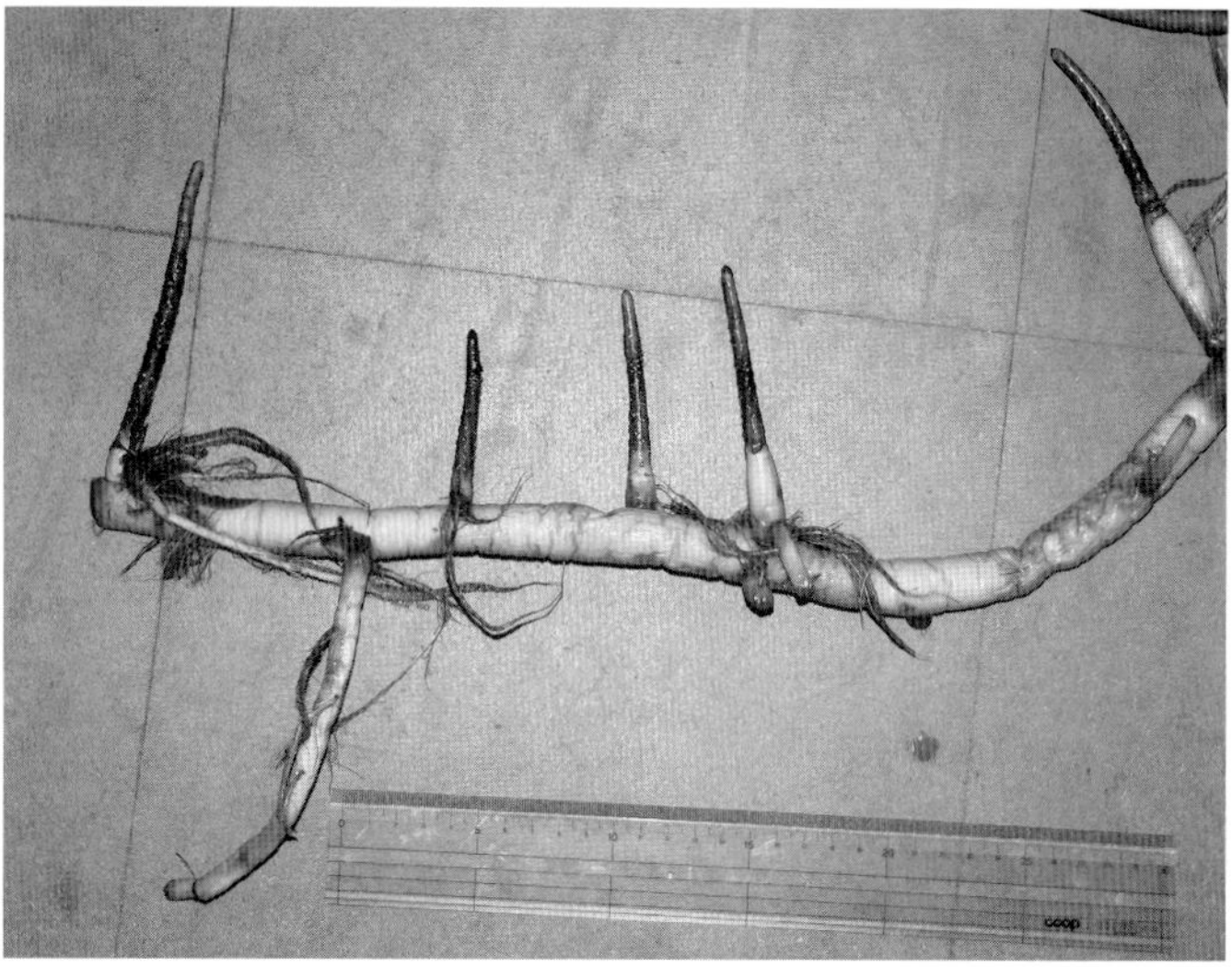

図1-9●アビシニア・アルバの直立気根と地下根の繋がり（東タイ・トラートにて、2006年撮影）

緑色の直立気根は、その基部で白色のケーブル根につながっている。さらに、ケーブル根から細根が分岐している。これらの繋がりによって、マングローブの根は地下でも呼吸が可能となり、細根から養分や水分を吸収することができる。

である。地下に埋もれた根の表面では息ができない。そのために彼らは、地上から根に酸素を送る空気の通り道をつくった。それは、地上根から地下根につながるスポンジ状の通気組織である。地上根の表面にある皮目群《ひもく》から、酸素を地下根に送るパイプラインができている（図1-9）。

皮目とは、葉の気孔のように、幹や根の表面で呼吸するための装置である。切断した気根を海の中に入れて手で絞ると、パイプライン中の空気が泡になって出てくる。マングローブの根は、空気を含むために浮力を持つ。昔、漁師は浮きに使っていたそうである。

地上の呼吸根から地下の根に空気が流れている証拠を、ショランダーらは、注射器を使って根の中の空気を採取してつきとめた[16]。満潮になって直立気根が水中に没すると、その表面の皮目が閉じてしまい、地下根に空気が移動しなくなる。そのために、地下根の酸素分圧は時間とともに低くなっていく。つぎに干潮になると、直立気根の皮目から空気が根に流入して、今度は酸素分圧が高まっていった。根にワセリンを塗って皮目を閉ざしても、地下根の酸素分圧が低くなることを確かめている。

実は、こんな地上根を持つことも、マングローブだけの発明ではない。板根は、陸上の熱帯雨林で普通にみられる根の形である。強風が吹かず堅い土壌を持つ場所では、幹の基部に板根を出すだけで樹体を支えることができる。支柱根にしても、熱帯の淡水湿地にあるザイロピア属（*Xylopia*）の樹木は、マングローブそっくりのものを持っている。また、陸上にあるエラエオカルパス属（*Elaeocarpus*）やカロフィラム属（*Calophyllum*）の樹種には、直立気根や膝根に似た呼吸根を持っているものがある。我が国でも、アメリカ原産の針葉樹ヌマスギ（ラクウショウ、*Taxodium distichum*）が、大きな直立気根を持つのを見たことがある方もいるだろう。これらはいずれも、湿地に適応した根である。科や属が別でも、湿地の樹木の根系はよく似ている。

直立気根の生理について、大阪府立大学の北宅善昭らは、興味深い報告をしている[13]。なんと、直立気根が、光合成を行っているというのである。根で光合成するとは普通ではない。たしかに、直立気

図1-10●マングローブ林の帯状分布を示す漫画（著者原図）

この漫画では、海側から陸に向かい、ソネラティア帯→ライゾフォラ帯→ブルギエラ帯の順に植生帯が交代している。そこには、魚、プランクトン、甲殻類、昆虫、鳥、蛇、猿など、多くの動物がマングローブとともに生態系を構成している。生態系の内部や間で、多くの生物が関係し合って全体のマングローブ林を維持している。人間は、これらの生物を採取して生計を立てている。

根の表皮をはいでみると、緑色のクロロフィルを含む層が出てくる。彼らによると、根の呼吸で発生した二酸化炭素が直立気根で同化され、その時に発生する酸素が再び根の呼吸に使われるそうだ。こんなに便利な循環が、ソネラティア属やアビシニア属樹木の直立気根ばかりでなく、ライゾフォラ属の支柱根でも生じているらしい。ブルギエラ属樹木の膝根だけは、この機能を持っていない。ブルギエラは陰性植物の傾向があるので、それらが生える林床が暗すぎるのかも知れない。

これらの事実からわかるように、マングローブは、潮間帯で生きる工夫を様々に凝らしている。とくに根や繁殖子の形態が、樹種によってそれぞれ異なる。そして、異形の樹種が場所を変えて分布するという、「帯状分布」という興味深い現象がマングローブ林で起こっている。

この帯状分布について、私が初年次向けの講義でよく使う絵がある（図1-10）。東南アジアのマングローブ林では、海岸から内陸に向かって森林の縦断面を描くと、通常は、渚付近に直立気根を持つソネラティア属やアビシニア属の樹木が分布している。そこから内陸に移行すると、支柱根を持つライゾフォラ属の樹木や板根を持つブルギエラ属の樹木が分布している。そして、潮間帯を超えたところでマングローブ林は姿を消して、内陸の熱帯雨林に移行する。

海岸から内陸に向かい、植生帯が標高に従って配列し、それぞれ特定の樹木群と生物相で構成される。これが、マングローブ林の帯状分布である。この現象がなぜできたのかは、私たちの研究を引きながら第3章で詳しく解説することにしよう。

5 生態系が実感できる森林

マングローブ林には、多くの動物が棲んでいる。P・サエンジャーによると[17]、オーストラリアのマングローブ林と海岸の塩性湿地には、貝類など軟体動物九五種、甲殻類六五種以上、環形動物など九七種、および鳥類二四二種が少なくとも生息している。鳥類ではカワセミの仲間が目立つようだ（図

図1-11●マングローブ地帯のカワセミ類（東タイ・トラートにて、2002年撮影）
この鳥は、宿舎の窓ガラスに衝突して気絶していた。息を吹き返したので、撮影後すぐに放鳥した。

1-11）。アカショウビンに似た赤い色のもの、翡翠色の鳥が、林縁の水路をいつも飛び回っている。これらの餌としてたくさんの小魚がおり、ほかにもテッポウウオ（*Toxotes*属）やトビハゼの仲間（*Periophthalmus*属）、大型のアカメの仲間などたくさんの魚種がみられる。その中には、幼魚期だけをマングローブ林で過ごすものもいる。このことから、マングローブ林を魚類のナーサリーに例えることがある。

　昆虫相に関しては、他の動物ほどは情報が得られていなかったようである[2]。現在では、もっと情報が集まっているだろう。私のみたところ、蚊とアリの類がとくに多く、林の中で油断すると、

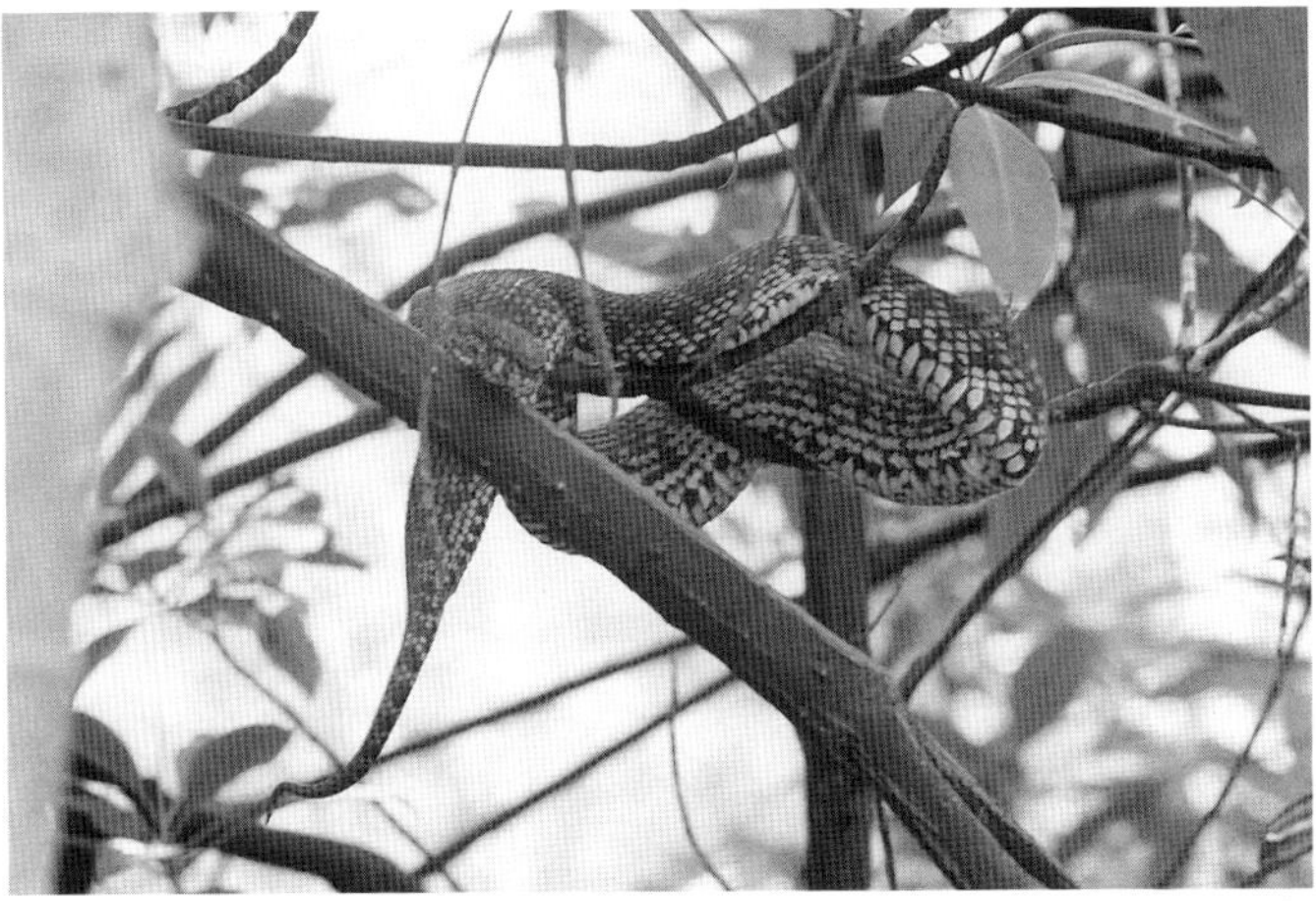

図1-12●マングローブの木の上で眠る毒蛇（南タイ・ラノンにて、1983年撮影）

痒い思いや、ツムギアリ（*Oecophylla*属）の類に食いつかれて痛い思いをする。

は虫類には、ワニ類がオーストラリアのマングローブ林に今も多く生息している。東南アジアの島嶼部にも、まだ少しは残っているだろう。大陸部では、人間に駆逐されてワニ類はほとんどいなくなった。体長一メートルにも達する木登りトカゲは、以前は南タイでもしばしばみられたが、最近はいなくなった。おいしいので、人間が捕まえて食べてしまったのである。蛇はコブラの類など、毒蛇を含めてかなり多いので、とくに満潮時に林内を歩くときは、木の枝上によっぽど注意を払わねばならない（図1-12）。私たちも、後に示すような怖い目に遭ったことがある（第6章）。

ほ乳類には、カワウソの仲間や、バングラデシュには恐ろしいベンガルトラ（*Panthera tigris tigris*）が

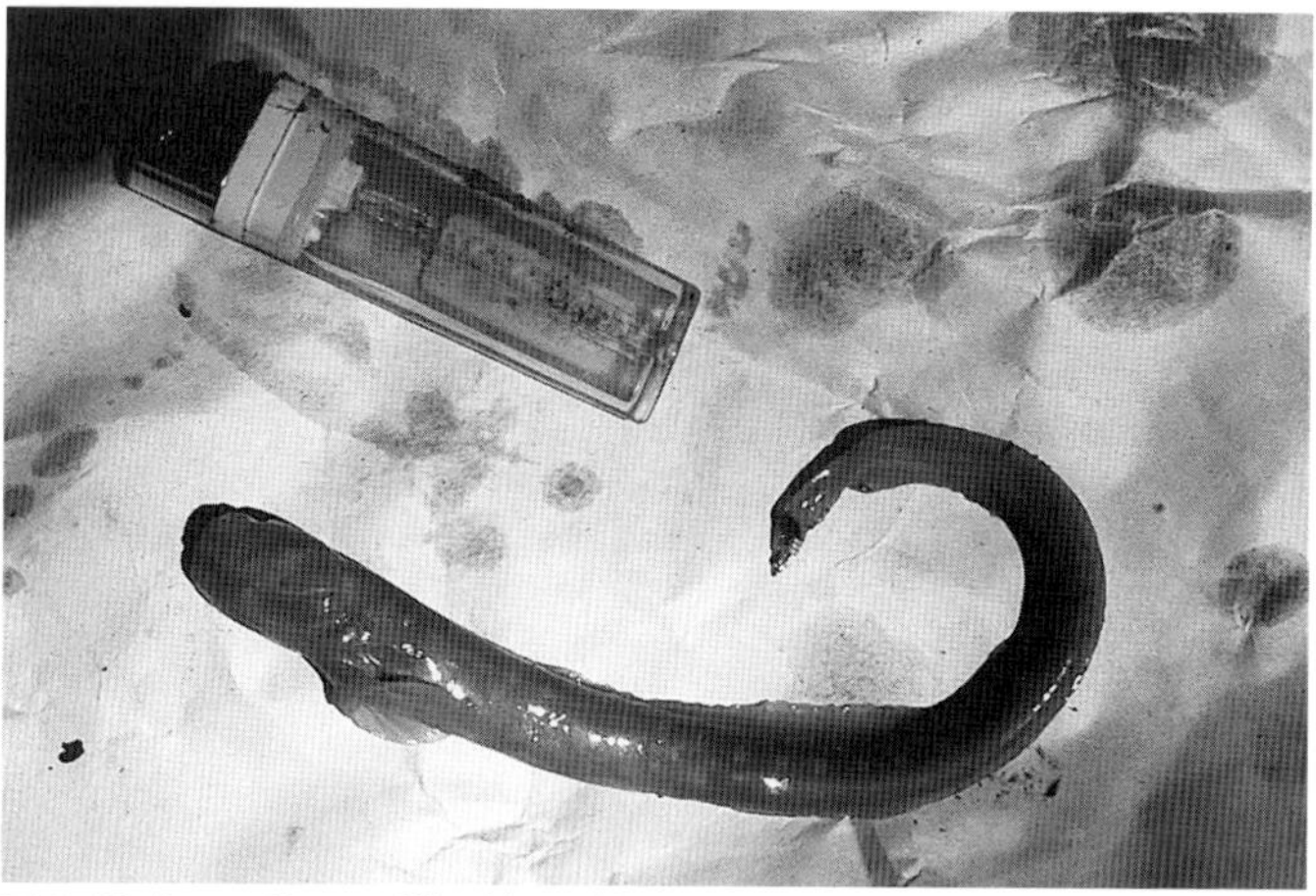

図1-13●マングローブ林の地下に棲む眼の退化した魚（南タイ・ナコンシタマラートにて、1990年撮影）

いる。西表島のマングローブ林では、イリオモテヤマネコ（*Mayailurus iriomotensis*）が行動域を持っているそうだ。昔は、東南アジアにも、マングローブ・キャットがいたそうであるが、私は見たことがない。テングザル（*Nasalis larvatus*）もマングローブに棲むほ乳類の一つである。ニホンザル近縁のカニクイザル（*Macaca fascicularis*）は、最近、東南アジアのマングローブで個体数が急増し、日本でと同様に農産物に大きな被害をもたらしている。

私がいちばん驚いたのは、南タイのマングローブ林で根を掘っていた時のことである。地下から眼が退化した魚が出てきた。有明海などにもいるワラスボの仲間らしい（図1-13）。マングローブ林の地下は、海の一部であると誰かがいっていたが、これは本当のことかもしれない。たぶん、魚やエビ類・シャコ類・ゴカイの仲間の巣穴が縦横に張り巡らされて、どこかで海とつながっているのだろう。マングローブ林の地下には海水が満ちている。

マングローブ林では、樹木と魚の間でも奇妙な相互関係が結ばれている。この地下魚は、地下に巣穴を持つことによって、泥の中で暮らすことができる。巣穴の支えになるのが、マングローブの根なのであろう。京都大学（当時）の和田恵次とともに行った研究[18]では、マングローブの根の分布と地中の動物の密度の間に相関があることをつきとめた。一方、樹木の方は、地下の生物の糞を養分とすることができる。また、土壌にも、巣穴の空隙によって物質が行き来する構造が生まれる。

他にも様々な相互関係がある。海棲動物の群れが、樹木遺体の分解者として存在し、お返しに樹木に養分を供給する役割を果たしている。ミミズやダンゴムシの類など、陸上でよくみる土壌動物の大半はマングローブ林では生きられない。

カニ類も、直立気根につく藻類を食べているそうだ。アリノスダマ（*Hydnophytum* 属）やアリノトリデ（*Myrmecodia* 属）という植物は、酒とっくりのような形の茎をアリの棲みかに提供し、そのかわりに、アリはマングローブの葉が他の昆虫に食われることを防いでいる。もちろん、動物同士でも、鳥類など高次の消費者から、魚、エビなど低次の消費者につながる食物網が存在している。

ここで、私の若い頃の体験談を聞いてほしい。大学院生の時、私は、自分の体を通じて「生態系」を感じてみたいという願いを持っていた。学問上の概念が、五感で認識できるものであるかを確かめておきたかったのである。ところが、京都の周辺の森林では、それを感じとることができなかった。

図1-14●マングローブの林床に棲むキバウミニナ（西表島にて、2014年サシトーン氏撮影）

このジレンマをマングローブ林が吹き飛ばしてくれた。

はじめて、西表島でひるぎ（ライゾフォラ属樹木）の密林に入ると、大きな巻き貝のキバウミニナ（*Terebralia palustris*、図1-14）が林床にごろごろと転がっていた。数も非常に多い。これらが、マングローブ林の中で何をしているのか、何を食べて生きているのか、最初、私にはまったく理解できなかった。

林の中でじっと観察していると、これらが、マングローブの落ち葉を食べている可能性を思いついた。海の貝と落ち葉の組み合わせとは、普通に考えて、意外であり妙でもある。しかし、落ち葉が餌となるなら、この大きな巻き貝の群れを食べさせるに充分な量がある。そう考えると、巻き貝の群れが落ち葉の分布に沿うようにみえた。後になって、この貝は、夜の間にマングローブの落ち葉を食べていることがわかった。

小さな出来事かもしれないが、自分の眼で、貝と樹木の共生をみつけたことは驚きの事実であった。たしかに、マングローブ林には、カニ類などの海棲動物が非常に多い。その地下には、オキナワアナジャコ（*Thalassina anomala*）やゴカイの仲間が棲んでいるし、小魚も樹木の根の間にできた水たまりで泳いでいる。マングローブ林にみる光景は、まるで生き物の万華鏡を覗くようであった。

観察を続けると、一群の生物の生活は、すべてが連関しているようである。私は、マングローブ林で初めて、生物と環境にシステムが存在することを五感で感じることができたのだ。これを契機に、私にとって、マングローブ林は好奇心を満たす興奮の場となった。それはまさに生態系そのものであった。

最近になってこの生態系という言葉が、しばしば乱用されているのに気がついた。よく言われる「良い生態系」の良いとは何を意味するのだろう。生態系に人間の価値判断を加えられるのだろうか。また、一つの生態系はどこまでを指すのだろう。重要な言葉であるだけに、本来の意味を把握することが大切に思えてきた。

「生態系」という用語とその概念は、すでに一世紀近くも前に、イギリスの植物学者A・G・タンズレイ卿が作ったものである。タンズレイは、ある論争から生態系という概念に到達した。[19] この経緯は、木村允による「生態系概念の発生と展開」という論文(20)で詳しく説明されている。この発端は、植生遷移の原因をめぐる論争にあった。タンズレイは、遷移学説で有名なネブラスカ大学のF・E・クレメンツや、ホーリズムの信奉者である南アフリカ共和国のJ・V・フィリップスの主張に異を唱えることによって、独自の自然観を磨いていった。

「植生遷移」とは、植物群集が時間とともに姿を変える現象である。一九世紀に、有名なチャールズ・ダーウィンが生物種の時間変化を研究したことに刺激されて、アメリカのH・C・コウルスがミシガン湖畔の植生の時間変化パターンを分析して以来、植生遷移論とその原動力をめぐる議論に火がついていた。

タンズレイの論争は、この植生遷移がなぜ起こるかという点に始まっている。クレメンツは、気候こそが遷移を進める唯一の原動力と考え、ひとつの気候ではひとつの極相林しかないという単極相説を主張した。そのうえ、クレメンツの信奉者であるフィリップスは、ホーリズムの立場から単極相説を援護し、ちょうど動物の一個体が幼態から成体になるように、気候が定める方向へ植生の変化が起こると主張した。

ホーリズムとは、システム全体の挙動は部分の要素を総和した以上のもので、全体の動きを要素に還元することはできないという考え方である。彼らは、植生遷移の原動力を、「生命力」という観念上の実体においてしまった。これでは、科学の立場から現象を説明することができない。そんな迷走状態をみかねて、生物学の重鎮が論文を書いて反論したのである。まず、タンズレイは、クレメンツらの単極相説が、現実の植生分布に合わないことを指摘した。

実際に自然を観察すると、たとえ気候が同じであっても、極相林の姿が場所によって異なることにすぐ気づく。たとえば日本の冷温帯では、川辺にヤナギ類やクルミ類の森林があり、山の斜面にはブナ林などが、そして尾根にはスギ（*Cryptomeria japonica*）など針葉樹の森林が存在している。つまり、一つの気候下で、極相の姿はひとつに限られるのではなくて、土壌や気象の違いに応じて多様な極相が存在している。この点に注目して、単極相説に対抗して、タンズレイは多極相説を提案するに至った。

そして、タンズレイは、生態系全体を動かす力は、自然の要素間に流れる物質にあるという考えに到達した。この考えで、物質の流れ方が異なれば、同じ気候下でも様々な極相林ができることが説明できる。タンズレイが、「生態系」概念に基づいて、自然現象を観念論から脱出させたことは次の点で意義深い。

生態系は、ひとつの物理システムとして、時間とともに姿を変えていき、平衡状態に達した場合に極相の状態ができる。これが植生遷移の正体である。このことは、物質の流れを分析することで、変化のプロセスが予測できることを意味している。ここには、善し悪しという人間の価値概念は入らない。生態系概念が登場してようやくのこと、自然の解析と予測が可能になったのである。

前掲の木村允による原文の一部を引用する。

「この生態系とは、宇宙全体から原子にいたるまでの、いろいろな物理的システムのうちの一つのカテゴリーをなすものである……。このシステムこそ地球表面の自然な単位である…。生態系の主要な機能として物質とエネルギーの動きがある……。物質交換の主役は常に生物であり、この動きの中でそれぞれの個体や集団は自己運動を行っている……。遷移の実態は、この自己運動が生態系全体により規制された結果生じる全体の変化である[20]」

6 マングローブ林に生きる人々

一九二〇年代のマレー地域で、マングローブが、人間からどのように利用されていたかを、J・G・ワトソンが詳しく調べている。ここでは、マングローブの伝統的利用法[21]を紹介する。

今から百年前には、マングローブが多くの用途に使われていたことに驚かされる。マレーの住民は、ひるぎ科樹木の通直な形の幹を、水上家屋の柱など構造材に使っていた。この様子は今でも現地でみることができる。また、琵琶湖などでもみられるエリ漁法の支柱にライゾフォラ属樹木が使われていた。ほかにも、カニ取り網の外枠、船材など、様々な漁具として用途があった。沖縄では、ヘリティエラ属樹木（サキシマスオウ）の大きな板根を、舟の舵に使っていたそうである。

料理を温めるのに使う炭や薪には、ライゾフォラ属のほかにも、アビシニア属、ソネラティア属、ザイロカルパス属の樹木などが使われていた。このうち、炭材にするのは、木材密度の高いライゾフォラ属と一部のブルギエラ属樹木だけである。ソネラティア属やアビシニア属の柔らかい樹木は、主に薪に使われていた。これらの他にも、ザイロカルパス属樹木など多くのマングローブが薪などの燃材として使われていた。

マングローブ植物の一部は、食用にもなった。ブルギエラ・サイリンドリカの幼根は、ゆでると野菜代わりになった。ソネラティア・カセオラリスと同・オバータ（*Sonneratia ovata*）のミカンのような果実を食べ、ライゾフォラの果実液から作った軽いワインを飲むこともあったそうだ。

民間薬として、アビシニア・アルバの葉がリューマチに、エクスコエカリア・アガロッカ（前述のシマシラキ）の樹液が下剤や歯痛止めに、ライゾフォラ・アピキュラータがうがい薬に使われた。マングローブは、結構、民間薬として幅広い用途があったようである。そのなかには、コレラや天然痘など恐ろしい病気の名前も挙がるが、当然ながらその薬効は疑わしい。

このほかにも、ライゾフォラ属をはじめマングローブの材には多くのタンニン成分が含まれるため、それを抽出して漁網の腐敗防止に使っていた。また、マングローブの呼吸根を漁の浮きに使い、アビシニア属樹木の葉を牛の敷き藁に使うこともあった。ニッパは便利な植物で、果実は保存食となり、樹液からは甘味料やアルコールが作られた。その葉は、屋根葺き材やタバコの巻紙に使われている。

中東では、ラクダの飼料にアビシニア属樹木などの葉が使われており、それがマングローブ林の破壊につながっているそうだ[22]。

現代社会では、このような利用形態の多くが廃れてしまった。いうまでもなく、各種の化学製品、コンクリート材料、近代医薬品が出回ったからである。それでも、マングローブ地帯の住民は、最近まで、生活に有用な材料として、柱材・屋根葺き材・燃材を森の中から、お金を払うことなしに運び出していた。

このような人間の伝統利用が綿々と続くうちに、突如として産業的なレベルでマングローブ林やその土地が大々的に利用されるようになった。これは、ほんの半世紀ほど前からのことである。後で述べる炭焼き・エビ養殖・スズ鉱業が、大規模にマングローブ林を使うようになった（第5章）。この結果、マングローブ林は大きく変貌し、大多数の森林が苦境に陥った。

このままでは、マングローブ林に本来備わる素晴らしい機能がだめになってしまう。これは人間社会にとって大問題である。私たちはどうすべきか。本書の後半でいくつかの研究事例をもとに考えることにした。

7 根掘りがきっかけ

これらの基礎知識から、マングローブとその森のことがおおよそ理解できたものと思う。これは、私たち以前に、植物学・動物学・海洋学などの研究者が、精力的にマングローブ林のことを調べてきた成果による。科学は積み上げ型の構造を取っているので、これまで明らかにされたことの上に、新しい知識を重ねていく。この積み重ねの中で、私たちのグループにも研究を始めるきっかけが必要であった。さて、マングローブ研究の空白、すなわち私たちの出番はどこにあるのだろう。

前述のように、一九八〇年代に入ると、産業圧が強い力でマングローブ林にのしかかってきた。そして、これまであったマングローブの原生林が、つぎつぎと二次林に変わっていった。小規模になった二次林を目の前にして、はたしてマングローブ林が元の姿に回復するか、二次林は持続的な森林になれるか、マングローブ林の機能はどうなるか、などの懸念が持たれるようになった。

そこで、マングローブ林の規模を実測し、生産力を調べる研究が必要になった。伐採後に次世代の樹木が森林を更新していく過程、森林の構造、樹木の成長量と現存量などに関する情報が求められたのである。「量」や「速度」に関する生産力の研究は、これまで行われてきた「質」に関する研究よりも、どうしてもチーム編成が大がかりになる。とくに、泥で覆われたマングローブ林で、大きな樹木の重量をはかり、樹木のサイズを何年間も継続して計測する作業は、研究者から敬遠されてきた傾向があった。とくに、マングローブ研究にとって根の情報は欠かせない要素であるのに、研究者はそれに手を汚していなかった。

私たちのグループにとって、きっかけと出番はここにあったようだ。根までを含めて、マングローブ林の現存量・成長量・枯死量などを調査した例、その科学情報が一九八〇年代には存在しなかったのである。それにこの時期、東南アジアの大陸部には、マングローブ原生林の最後の集団がまだ残っており、マングローブ林の原型ともいえる森林を調べることが可能であった。二次林と原生林の対比、二次林の成長過程、炭素固定機能、これらのことを明らかにすることが私たちの使命となった。

こんな折に、私の師である荻野和彦先生（当時、京都大学農学部）から、有難いお誘いを受けた。そして、タイ王国のマングローブ林の研究チームに加えてもらうことができた。研究者としてほんのかけだしの私が、樹木の根の現存量および、森林の一次生産を調べる分野を担当させてもらえることになった。

この時点までに、わかっていたことを手短に整理しておこう（表7-1参照）。ジョージア大学のF・B・ゴリーらは、マングローブ林で初めて、現存量に関する論文を書いた[23]。プエルトリコにある二次林で、地上と地下の総現存量が一ヘクタールあたり一〇〇トン（乾燥重量）あまりの森林であったことを報告している。続いてゴリーらは、パナマの原生林で現存量を調べている。原生林の総現存量は大きくて、五〇〇トン以上に達していた[24]。これらが草分けともいうべき研究であった。

一九八五年までにでた関係論文をみると、A・E・ルゴーとS・C・スネディカーが、アメリカのフロリダで、マングローブ林のタイプ別に、地上部の現存量を調べている[25]。彼らは有機物の流入と流出に注目して、生態系の収支から現存量や森林の形が決まるという進歩的な考えを提唱した。また、後に書いた小見山章らの総説[26]では、オーストラリアのS・V・ブリッグスとマレーシアのJ・オンが、アビシニア林やライゾフォラ林で一〇〇〜二〇〇トン程度の地上部現存量を求めたとある。日本の石垣島でも、鹿児島大学の鈴木英治と田川日出夫が、ヤエヤマヒルギとオヒルギの林について、一〇〇トン前後の地上部現存量を求めている。私たちが研究を始めた当時、入手できた研究情報は、ほぼこれらだけだった。

このような情報だけでは、原生林と二次林の間にある当然の違いは分かっても、マングローブ林現存量の地理的な違いを分析することができない。そのために、地球上で、マングローブ林がどのような物質生産上の位置を占めているかも判断できないだろう。

マングローブ林が最も発達すると言われる東南アジアで、大陸沿岸にはどんな規模のマングローブ林があるか、島嶼部におけるマングローブ林の規模はどのようであるか、そして、肝心の根の量が充分に研究されてないことは致命的であった。

ここで、本書で使う森林の状態を表す用語を定義しておくことにしよう。もともと、「原生林」と

図1-15●本書で訪れる3つの調査地（著者原図）

左側から順に四角のボックスで、南タイ・ラノンのハッサイカオ調査地、東タイ・トラートの調査地、東インドネシア・ハルマヘラ島のソソボック調査地を示す。

「二次林」は、人間の介入の仕方を基準にした森林の区分である。

かつて人が一度も手を加えたことのない森林が、ここでいう「原生林」または原始林である。厳密に考えると、このような状態の森林は、現在の地球上にはまず存在しない。それほど人間の力は強くなっている。ただし、人間の力が少し及んだくらいでは、森林は、構造や植物相が安定した状態を保つことができる。たとえば、ブナ林でキノコ狩りや野草取りが行われる場合、何世紀も前に人間の影響を受けただけの場合にも、森林が極相に近い状態を保っている。本書では、これらも「原生林」と呼ぶことにしている。

一方、「二次林」は、人間によって利用された経歴を持つ森林である。この二次林には様々な種類がある。日本では、いわゆる里山と呼ばれる旧農用林が代表格で、ここでは農業と日々の暮らしのために、落ち葉肥料や燃材等の採取が繰り返して行われてきた。奥山の二次林として、ナラ類の旧薪炭林や焼き畑跡に再生した森林がある。大規模にパルプ産業が伐採して放置した場所にも、二次林が広がっている。このように、森林を何回か伐採して、そこを放置した場合に二次林ができる。本書でいう二次林は社会が近代化して以降にできたもので、およそ百年以下の年齢を持つ森林と考えてほしい。なお、人間が伐採した後に放置しないで植林する場合は、その森林を「人工林」と呼んでいる。マングローブの人工林については、その問題点と特性について、第7章に具体例を示す。

さて、これ以降の章では、三つの調査地（図1-15）で行った私たちの研究の顛末を報告していく。それを読む前に、必要な森林の現存量と生産力、および生態系の炭素固定速度を求める方法について、最初にあらましだけは説明しておきたい。その方法（ボックス1）を必要に応じて理解したうえで、あこがれの東南アジアのマングローブ林に旅立つことにしよう。

ボックス1「森林の一次生産力を求める方法」

box

生態学でいう現存量とは、ある時点ある場所に現存する生物体の量と定義されている。一次生産力とは、光合成産物を生物体の成長と維持に使う速度をいう。一般に、森林の現存量は、幹(S)・枝(B)・葉(L)・実(F)・根(R)の重さをすべて積算した値である[27]。

その総現存量をy_Tと表すとき、通常は、

$$y_T = y_S + y_B + y_L + y_F + y_R$$

となる。マングローブの場合は、根の現存量(y_R)の中に、地上に出た支柱根や直立気根の重量を含めることにしている。地上部の現存量(y_{top})は、

$$y_{top} = y_S + y_B + y_L + y_F$$

である。なお、「現存量」の単位は、ヘクタールあたりの乾燥重量である。各器官の現存量を調べる方法については、続く章で解説していくことにする。

つぎに、森林の植物が、光合成で大気中の二酸化炭素と水から作りだす有機物の総量、一次総生産量(GPP)は、「積み上げ法」とよぶ方法を使って求める。植物の代謝活動は、同化と異化によって一年間を単位とするGPPの成分は、樹木の成長量(Y)に使った分、落葉・落枝などの枯死量(L)に使った分、昆虫などに食われた被食量(G)に使った分、および代謝に関係する「独立栄養的呼吸量[28]」(R_a)に使った分の総和となる。

この「積み上げ法」は、家計簿の収支計算にあたる方法を採っていることがわかる。すなわちＧＰＰが収入項のすべてであり、他の成分が支出項である。家計簿では記入漏れがない限り、収入項と支出項は必ず一致する。つまり、森林でも総収入と総支出が一致し、結局のところ、

$$GPP = Y + L + G + R_a$$

となる。

また、ＧＰＰの有機物のうち、樹木の器官形成に使われた量は、一次純生産量（ＮＰＰ）と呼ばれ、総生産量から独立栄養的呼吸量を差し引いた値となる。すなわち、

$$NPP = GPP - R_a = Y + L + G$$

である。このＮＰＰ値は、森林の生産規模の目安として使われている。なお、「量」とした単位は、一年あたりの現存量の変化すなわち速度を指している。

さらに、生態系純生産量（ＮＥＰ）という、炭素固定に関係する新しい概念がある。このＮＥＰは、炭素の収入項、すなわちＧＰＰと、炭素の支出項、すなわち総呼吸量（Ｒ）の差として求められる。生態系が放出する総呼吸量には、前述の独立栄養的呼吸量（R_a）のほかにも、土壌有機物を微生物等が分解する時の「従属栄養的呼吸量」[28]（R_h）がある。つまり、生態系の総呼吸量（Ｒ）は、R_aとR_hの和となる。その結果、生態系純生産量は、

$$NEP = GPP - R = Y + L + G + R_a - (R_a + R_h) = NPP - R_h$$

として求めることができる。

ＮＥＰが負の場合は、その森林が大気中の炭素のソース（放出源）となる。正の場合はシンク（吸

収源）となる。ゼロの場合は、中立の状態を表す。このことから、森林が大気中の二酸化炭素を固定する機能を、NEPを測定することで評価することができる。以上が、私たちがこれからマングローブ林で行う生産生態学の方法論である。まだわかり難い面があると思うので、随時、補足しながら進みたいと思う。

第2章 かつて南タイにマングローブ原生林があった

1 憧れの熱帯林

私にとって熱帯林は憧れの場所であった。聞くところによると、一年中暑くて雨の多い気候のもとに、地球上で最も贅を尽くした想像を超える植物世界が展開しているそうだ。この時期、多くの研究者が、熱帯研究に携わっていた。赤道地帯の内陸部は、熱帯雨林や淡水の湿地林などで覆われ、それらを避けるようにして、海岸の一部をマングローブ林が占めている。マングローブの森に入る前に、内陸の熱帯林のことを少し話しておこう。

図2-1●巨大な板根を持つ熱帯樹（東インドネシア・テルナテにて、1986年撮影）
この木は絞め殺し植物であろう。筆者が根元に小さく映っている。

なんといっても、熱帯雨林の樹木で眼をひくのは、まるで電柱のようにまっすぐに伸びた幹と、その根元の巨大な板根（図2-1）である。ほかにも、まるで寄生虫のように幹にぺたりと着く「幹生果」や、奇怪な生活を持つ「絞め殺し植物」などもある。大木が想像を超えるほど高く聳え、東南アジアの熱帯雨林には樹高が七〇メートルを軽く超すものが存在する。立ち並ぶ巨樹の足下に入りこむと、森林という生物空間の荘厳さに心を奪われ、それとともに人間は脅威を覚えてしまう。

熱帯雨林の植物は、温帯の住人の目には、自由気ままに生きるかのように映る。たとえば、前述の絞め殺し植物の生活などは傑作である。種子が鳥によって運ばれて、ホストとなる樹木の枝の上で発芽する。その後、この植物は多くの気根を何十メートルも下ろしながら、腕で幹に抱きつくようにして、最後にはホスト樹木の表面すべてを覆ってしまう。そして、何年かたつと、まるで絞め殺し植物が、当初からそこに居た樹木かのように、すました姿で立っている。前の写真にあるイチジク属（*Ficus*）の巨樹は絞め殺し植物で、その幹の中心はすでに空洞となり、その幹の中で元のホスト木はすでに分解していた。

熱帯雨林の最大の特徴は、生活形の多様さとともに、樹種の数が桁外れに多いことにある。森林に一ヘクタールの調査地を作って樹木を調べると、温帯ではせいぜい数十種程度の高木が出現するにすぎないが、熱帯雨林では数百種あるいはもっと出現する。本格的な植物分類の知識がないと、これだけ多くの樹種はとても同定しきれない。熱帯雨林は、多様な生物とそれらの間で結ばれたネットワークそのものである。[1]

熱帯研究の醸成期に、大阪市立大学（当時）の吉良竜夫は、「熱帯林研究の生態学的意義は、一年中高温多雨という、いわば植物にとって最高の極限状態のもとでの植物界の行動と最大の能力を明らかにすることにある。それは、物理学者が超低温や超高温での物性に興味を持つのと、似かよったところがある」と述べている。[2] けだし、これは名言である。植物の生活の原点、未知の生活を見たいという思いが、探検精神を持つ生態学者を熱帯に駆り立てた。

熱帯雨林は、一九世紀後半から二〇世紀の中頃に、本格的に生態学の研究対象となった。その先駆けとしてドイツのA・F・W・シンパーによる『植物地理学』[3]に熱帯雨林が記載されて以来、イギリス人のP・W・リチャーズの大著『熱帯多雨林―生態学的研究―』[4]が早くに刊行されている。これに続いて、同じイギリス人のT・C・ホイットモアによる『極東の熱帯雨林』[5]、アメリカ人のP・B・トムリンソンらによる論文集『生きているシステムとしての熱帯樹木』[6]などが出版された。

日本でも、大阪市立大学・京都大学などが中心となり、タイやカンボジアの熱帯林に調査隊を送り出した。一九七〇年代の中頃までの時期に、生態系の物質循環を調べる作業が、国際生物学事業計画として行われた。このIBP事業が行われたのは、私の先生方の時代である。この時に、東南アジアの熱帯に一つのターゲットが置かれた。統率力のあるリーダーの元に研究者が集結し、この時代から、定量的なレベルで熱帯林研究が加速していく。

熱帯林の現存量の規模や一次純生産量に関する研究は、日本人研究者のお家芸ともいえる領域である。すぐれた方法が、日本人研究者によって構築された。後で述べる「積み上げ法」や「相対成長法」がそれである。そして、地球上の各地にある森林生態系の生産力の分布が解析され、だんだんと熱帯林の重要さが論じられるようになった。

同時に、この時代は、木材利用のために各国で熱帯林が伐採されていった時でもある。大手の商社が、フィリピンの森林をほぼ伐り尽くし、インドネシアやマレーシアの森林に伐採が移動するという、凄まじい森林破壊の時代であった。大規模な熱帯林破壊は、木材資源の枯渇を招くばかりか、地域の環境を著しく損ない、はては全球の大気組成まで変えてしまうことになる。これは、森林の物質循環を調べていた吉良竜夫らが早くから予測していたことでもあった。

さて、マングローブに関する学術的な記述は、一九四〇年の小倉謙による異常根の形態に関する論文[7]に始まった。ついで、細川隆秀による『南方熱帯の植物概観』[8]、今西錦司による『ポナペ島』[9]が著された。また、前の吉良竜夫は、「マングローブの生態」[10]という論文で、その生理生態・群落構造・生産力について、はじめて定量的なレベルの解説を行った。ただし、この時期にマングローブ林だけを対象に、日本の調査隊が派遣された記録はない。

このように、マングローブ林の研究は、陸上の熱帯雨林に比べて進み方が遅かったように思われる。湿地にあるのでアクセスが難しく、樹木を調べること自体が困難だからであろう。マラリアなど風土病の存在も研究者泣かせだったかもしれない。それに、当時は、海外調査の研究資金がなかなか得られなかったという事情も加わっている。

こんな折、一九八〇年に、日本とタイの二国間でマングローブ研究計画が誕生した。これを契機に、日本のマングローブ研究が本格的に始動した。文部省の海外学術調査で、「タイ王国マングローブ林の植生生態学的研究（代表、宮脇昭）」が採択され、荻野和彦先生（当時、京都大学農学部）が森林の生産力の分野を担当した。私は、ここに加えてもらえたのである。

この二国間計画の総勢は、日本側の研究者だけで数十人に達したのではないだろうか。そのメンバーは、生態学・植物学・動物学・造林学・海洋学・土壌学など、多岐にわたる分野で構成されていた。

総代表は、当時、東京農業大学の杉二郎先生と、タイ王国科学技術エネルギー省のサンガ・サバシ先生であった（ともに故人）。

この計画は、多くの大学の研究者を巻き込む共同研究であった。私は、第二陣の隊員として、一九八二年から南タイのラノンに派遣された。岐阜で窒息気味であった私に、他の学術分野の研究者と議論を交わす機会が与えられたのは嬉しかった。そこには、一種の他流試合のような雰囲気があった。

私たちの目標は、世界最大のマングローブ林を対象にして、森林の構造と現存量の規模を確定することにあった。第一陣が行う森林地上部の調査に続いて、私の任務は、マングローブの根の量を調べることに決まった。これで、戦前からの熱帯林研究の流れに、身だけはなんとか置くことが許されたような気がした。

2　南タイに世界最大級のマングローブ林があった

国内での予行演習と準備を済ませて、いよいよ海外調査に出発する日が来た。南タイには、干潟のカニ類の行動の研究者である和田恵次氏（当時、京都大学理学部）が同行してくれた。一九八二年一〇月、タイ王国の首都バンコクのドンムアン国際空港（当時）に降りた二人を、王室森林局（以下、森林局）の森林官が出迎えてくれた。ともに初めての海外調査であった。

バンコクに着いて最初に感じた印象は、なぜかバスやトラックの排気音のすごさだった。マフラーが壊れた古い車が、ばりばりと轟音を立てて走り回っている。ピックアップタイプの乗用車が荷台に人間を満載して走り、その横を三人乗りのバイクがすり抜けていく。交通ルールはまったく単純で、先に入ったものが優先することの他にはなさそうである。どこも蒸し暑く混雑しており、露天商や古い家並みが連なる混沌とした市中であった。これはまだ、タイ王国が経済発展する前の、まだ国が貧しい状態にあった頃のことである。今日、タイ王国の成長はめざましく、バンコクは現代的な大都市に様変わりしている。とっくの昔に、車の轟々たる排気音は聞こえなくなっていた。

バンコクでは、まず、ホストを務めてくれる森林局のチット・コンサンチャイ課長（故人）に面会した。そのあとで、カセサート大学を訪れて、林学部のサニット・アクソンケオ教授（当時）に面会し調査の相談を行った。カセサートとは、タイ語で農業のことを意味する。サニット教授はタイ王国におけるマングローブ研究の第一人者であり、アメリカの大学で学位を取った人である。

当時のタイ王国で、マングローブ林は森林局によって管理されており、森林官のほぼ一〇〇％がカセサート大学林学部の出身であった。この二人の人物は、タイ王国のマングローブ研究とその林業にとって、まさにキーパーソンだった。彼らは荻野和彦先生と旧知の仲で、前年の調査でも日本のメンバーが世話になった方たちであった。なお、タイ人は、敬意と親しみを込めて、互いをファーストネームで呼び合う慣習を持っている。状況に即して、本書もこれにしたがうことにした。

そのあと、タイ学術調査会議（ＮＲＣＴ）を訪れて、前もって申請していた調査許可証をもらった。私たちの調査に現地で対応してくれたのは、中堅どころの森林官のプラサート・セリワタナ氏と、カセサート大学を卒業したばかりの若い森林官ビパック・ジンタナ氏（現、カセサート大学林学部）であった。ビパック氏は、南タイ・サトゥン県のマングローブ地帯の出身で、地元の事情を肌で感じている人物である。彼とは、それから現在まで親交が続くことになった。そして、琉球大学農学部の学生であった大西信吾君が途中から参加してきた。いずれも、二〇歳台から三〇歳を少し過ぎた熱帯林のことを夢見る若者たちで、全員が国際共同研究は未経験であった。

バンコクで手続きと交渉をできるだけ早く済ませて、長距離バスに乗って南タイのラノン市に向かった。この長距離バスは、夕方にバンコクを出発して早朝にラノンに到着するエアコン付きのバスで、深夜にファヒンの道の駅で夜食のお粥がサービスに付く。マレー半島の東岸を南下した後に、山岳地帯を越えてラノンに到着する。

一見快適そうに見えるのだが、この行程がなかなか曲者で、山岳地帯はまだゲリラが出没するといわれた。ただ、これは噂だけで終わった。でも、交通面で油断は禁物であった。のちに、補充調査を頼んだビパック氏が、バスの転落事故に遭遇し、彼自身も肩の骨を折ったことがある。また、こんなこともあった。真夜中に目を覚ますと、バスがなぜかバックしている。乗客の荷物が、バスの荷物スペースから落ちたらしい。みると、私たちの測定機材が、道ばたに散乱していた。私たち外国人にとっては、いささかスリリングな行程であった。

長距離バスは、マレー半島が幅五〇キロメートルと狭くなるクラの地峡を抜けて、薄明の中をラノンに近づいていく。街道の両脇に家がぽちぽちと見えはじめ、まだ暗いのにかなりの人数が、何処へ行くのか道ばたを歩いている。そのうち山が開けて、薄明のうちラノンの町に到着した。雨季が終わりかけて、乾季に入る一〇月中旬のことであった。タラホテルという安宿に転がり込んだ。

ラノン県はタイで最も小さな県のひとつであり、その中心のラノン市は県庁所在地ながら、こぢんまりした田舎で風情のある町である。ここには温泉もある。年平均気温二六・五℃で、年間降水量は四三二〇ミリメートルにも達する。

漁業とスズ鉱石の採掘の二つが、当時、ラノン県の中心産業であった。このうち、スズ鉱石の採掘は、後に森林法による制約ができたこと、高分子化合物に用途を譲ったかで価格が暴落したことで、現在ではほとんど行われていない。町外れにあるラノンの港には、遠洋まで出かける木造の大きな漁船が停泊しており、強烈な魚臭をまわりに漂わせていた。港の付近から、対岸にミャンマーのビクトリアポイント市が小さくみえる。

ラノンの町でやることとは、調査資材の調達と、現地で働いてくれるワーカーの雇用である。また、調査地に行くために、港から海路をとるので舟と船頭も探さねばならない。ワーカーは、現地のマングローブ営林署が、村の少年たち五〜六名を世話してくれた。一日、五〇〇円ばかりで一生懸命働いてくれる。これで、必要最小限のことが整った。

ただ困ったこともあった。タイの人は何でも器用にこなすから、修理材料を扱う小間物屋が町にはたくさんある。私たちの調査では、根を掘るために頑丈なクワやショベルがどうしても要る。ところが、町で買えるすべての道具は、金属部分が弱くて曲がりやすく、おまけに柄がすぐに折れた。普段は簡単に手に入る日本製の道具が、喉から手が出るほど欲しくなった。物資が不足していたのも、今は昔の物語である。

ラノン港から小舟で一時間ほどの所に、ハッサイカオという村があり、この近くにタイ王国で随一の規模を誇るマングローブ林が存在するといわれていた。今から考えると、現存量を調べた森林の中では、タイ国どころか世界でも最大級のマングローブ林であった。この大森林にターゲットを置いて、マングローブの生産生態に関する初期の研究が展開していったのである。

やっと、ハッサイカオの調査地に通う毎日が始まった（図2-2）。アンダマン海に面するラノン地域のマングローブ林は、干潟を擁する内海にあり、一帯が小島と水路が作り出す迷路になっている。干潟にはトビハゼが歩き回り、薄茶色に濁った海にはエイやアカメやナマズの類などが棲んでいる。住民による沿岸漁業が盛んで、日本の琵琶湖にあるのと良く似た形のエリや、カニをとる漁師によく行き会う。ラノン港から「ロングテール・ボート」に一時間ほど乗り、カワセミの仲間が飛び交う中

図2-2●空からみるハッサイカオ調査地付近のマングローブ林（タイ王室森林局 1990 年頃撮影）
写真の左右で約 5 km の距離がある。図中の「放流地点」は、胎生稚樹の散布実験を行ったタム・ノン水路（第 7 章）。現、マングローブ林研究センター長の許諾の元に掲載。

をミャンマーの島々を眺めて、景色を楽しみながらハッサイカオ村に向かう。

ロングテール・ボートは、エンジンに付けた長いシャフトの先でプロペラが回る仕掛けを持っている。浅海に便利なので、東南アジアの方々で使われている舟だ。マングローブ地帯の内海は、内陸から運ばれた泥が堆積して、沖に出ても深さが数メートルしかないことが多い。干潮時には、ボートが浅瀬に乗り上げるたびに、下船してボートを押さねばならない。熱帯の暑い日差しの下では、体が海に浸かることはあまり気にならない。

図2-3●初めて訪れたハッサイカオ調査地（1982年撮影）
荘厳な威容を誇る原生林であった。海岸中央に調査地を示す看板が小さくみえる。本書の物語は、すべて、この1枚の写真から始まる。

いくつもの水路を抜けて、とうとうハッサイカオ村に着いた。村長らしき人に挨拶した後で、その小さな半島の先の方にある調査地に行った。はじめてみるハッサイカオ調査地の森林は、まさに威風堂々としたマングローブ林であった（図2-3）。この森林の前には、広い干潟とアンダマン海が洋々と広がっている。海岸付近に太短い樹木が山門の仁王像のように立ち、その奥にはずっと背の高い樹木が群生していて、昼なお暗い大森林をなしている。中に入るのが躊躇される。正面に私たちの立てた看板があり、前年よりタイ・日で共同研究が行われていることが、タイ語とビルマ語で書かれていた。

当日の潮の状態を読むことが、私たちの日課となった。干潮時には、沖合数百メートルが干潟になり、装備を持って調査地に上陸することが困難になる。満潮になりマングローブ林に潮が入ると、今度は、林床が水浸しになり調査自体が不可能になる。最も調査に都合がよいのは、午前中に潮が干上がっていて、できれば午後の遅くまで潮が入ってこない状態である。こんな状態は、土地の高さにもよるが、たいていの場合一ヶ月間に一週間程度あるに過ぎない。なお、大雨の後や海風がとくに強いときには、さらに海水面が高くなるので注意がいる。

潮の状態は二つの要素で決まっている。月の公転で、大潮と小潮が一五日の周期で繰り返される。ハッサイカオの潮位差は、大潮の時には四メートルにも達するので注意が必要だ。下手をすると潮が引いて帰れなくなる。つぎに、地球の自転で、満潮と干潮が毎日繰り返される。地域によって、干満の周期が二回くる二潮型と、それが一回の一潮型に分かれる。ハッサイカオは常に二潮型である。干満の周期は、一日あたり一時間ほどの割合で遅くなっていく。潮によって、一日中働ける場合もあれば、半日しか働けない（幸運な？）日もできる。私たちにとって、潮の予測はまさに調査の一部であった。

一九八二年の当時、ハッサイカオ村は一〇戸程度の小さな漁村であった。タイ語でハッサイは浜をカオは白いことを意味している。だが、実際は泥地なので浜は白くない。なぜこんな白浜という名前が付いたのか不思議に思った。昔は、ここに白砂がたまっていた時期があったのかもしれない。マングローブ域の潮流は常に変化するのだから、このようなことも起こりうる。

ハッサイカオ村から陸に通じる道路はなく、交通はすべて通いの舟に頼っていた。近くに小学校の

図2-4●ハッサイカオ村にあった海神さまの社（ラノンにて、1983年撮影）

分校が一棟あり、子供たちは毎日舟に乗って、付近に散在する村からそこに通っていた。高床式に組まれた海神様の社が、村から少し離れた海の中にぽつんと立っていたのが印象的だった（図2-4）。

実は、このハッサイカオ村は、それから一〇年ほどで住人がいなくなった。理由はわからないが、たぶん、潮の変化で地盤が変わり、エビの養殖や付近の漁が思わしくなくなったからであろう。廃屋の土台とこわれた養殖池の堤防だけが、その跡に残った。

潮に洗われるために、マングローブ地帯では地形が変化しやすく、それゆえ人の暮らしは移ろいやすい。しばらくすると、ハッサイカオから数キロメートル離れた場所に、突然、新しい集落ができた。集落といっても数軒程度の規模のものである。この地帯の住民は、一つの場所に定着することに余りこだわらず、ニッパ屋根でできた高床式の家を自在に造

図2-5●ハッサイカオ調査地の前面にあるソネラティア帯（ラノンにて、1982年撮影）
巨木がまばらに生えている。毎日、ここから調査地に出入りした。

り、移動と居住を繰り返す生活を送っている。[11]まるで山岳に住む「焼き畑耕作民」のようである。

かつて日本では、本領安堵とか嫡子相続の風習があった。家族制が、土地と固く結びつく世界であった。マングローブ地帯の土地所有の概念は、日本とは根本から違うように思った。森林の扱い方は、土地の所有形態により大きく異なるので、森林を研究する者は、こんなことにも注意しておかねばならない。

ハッサイカオのマングローブ林は、村の防風林の役目を果たしていたと考えられる。ここは、歴代の村人が保護してきた森林で、長い間樹木が伐られなかったのだろう。この一画に私たちの調査地がある。その形状は、渚から内陸にかけて、幅が五〇メートルで長さ二六〇メートル

図2-6●ハッサイカオ調査地のライゾフォラ帯の内部（ラノンにて、1982年撮影）
林床は、さながら根のジャングルジムのようである。

の巨大な長方形をなしている。渚付近には、樹高二〇メートルのソネラティア属とアビシニア属の太い樹木が生えている（図2-5）。ここの地面は、直立気根で覆われている。樹木が比較的まばらなので、林冠から陽光がもれて暑い場所である。林床にある倒木に腰掛けて、シオマネキというカニ類（*Uca*属）の舞踊やトビハゼの徘徊、それらの行動を観察する和田恵次氏の行動をみるのが、休み時間の楽しみだった。

渚から数十メートル内陸に進むと、調査地の様相が一変し、ここには樹高四〇メートルの大木が出現するようになる。板根を持つブルギエラ属の樹木（ブルギエラ・ジムノライザ）や支柱根を持つライゾフォラ属の樹木（ライゾフォラ・ムクロナータ）の世界となり、前にあった直立気根を持つ樹種は姿を消す。幹の直径も四〇～

五〇センチメートルと、他のマングローブ林にはないほど大きい。林冠が閉鎖しているので林床は薄暗く、地表面は根と泥と水で覆われている。ブルギエラ属の樹木が立つ場所は、土壌に砂成分が多いようで、標高もわずかに高くなっている。

さらに、内陸方向に一五〇メートル進むと、それより奥にはライゾフォラ属の樹木（ライゾフォラ・アピキュラータ）の純林があらわれた。樹高は高く、林床は泥の湿地をなして大小の支柱根で隙間なく覆われていた。見かけは、まさに根のジャングルである（図2-6）。

このように、ハッサイカオ調査地では、渚から内陸に向けて、森林の植生が（ソネラティア・アビシニア帯）→（ブルギエラ帯）→（ライゾフォラ帯）へと変化していた。半島状に突き出た広い場所で、いわば複数の長楕円を描いて岸から植生帯が連なっている。これが、ハッサイカオ調査地における「帯状分布」のパターンであった。

ハッサイカオ調査地のマングローブ林は、村の防風林として保護されてきたせいで、巨大な樹木が密立して、植生がまず安定した状態にあった。樹木を伐った形跡もなく、実に荘厳な林であった。これは本書でいう原生林の姿を紛れもなく示している。

3 森林調査のプロトコル

森林の現存量や生産速度を調べる時に、生態学では、一定の作業手順が定められている。あらかじめ植生図を作成してその地域の状態を調べた上で、そのプロトコルの最初のステップとして「毎木調査」を行う。これに「伐倒調査」、「根掘り調査」、「相対成長式の調整」のステップを続けて、最終的に森林の現存量と生産速度を求める。

毎木調査は、森林の中に調査地を設置して、その内部の樹木の位置・樹種・幹の直径・樹高などを計測し記録する作業である。いわば樹木の戸籍調査に相当する。林学では、樹高サイズで調査地の大きさを決めろという取り決めがある。たとえば、樹木の樹高が四〇メートルの場所では、少なくとも、四〇メートル四方の大きさの方形枠を調査地とする。また、芽生えなどすべての個体を測定するのは不可能なので、目的に合わせて、調査木に直径四センチメートルなど測定上の下限となるサイズを設けている。

ハッサイカオでは、私が参加した前年の一九八一年に、第一陣研究者（当時、京都大学農学部から荻野和彦先生、玉井重信先生、田淵隆一氏、琉球大学農学部から中須賀常雄先生、およびタイ王国側のスタッフ）が、前述の帯状分布をカバーするように調査地を設置している。調査地を一〇メートル四方の区画に分け、個々の樹木の位置を記録し、樹木に識別番号をつけた。また、直径測定を行う位置に白ペンキでベルトを塗り、翌年の測定の目印としている。

毎木調査では、まず幹の直径測定を行う。樹種を記録したうえで、直径を巻き尺によりミリメートル単位まで正確に計測する。翌年、同じ位置で再び測定すると、一年間の直径成長量を求めることができる。マングローブの場合は、地上一・三メートルの位置の胸高直径を計測するとともに、支柱根や板根が大きい場合には、それら最上の根から三〇センチメートル上の位置で幹の直径を測定することにしている。なお、胸高直径は、樹木を計測するときに林学や生態学の分野でスタンダードになっている。支柱根を持つヒルギの樹形には、これは適用できない。

つぎに樹高の測定を行う。樹木の高さは、三角測量の原理や、検測竿と呼ぶ釣り竿状の道具を使ってはかる。三角測量では、樹木と測定者間の距離を実測して、対象木の梢を見上げて角度を測る。葉層が幾重にもなると梢端が見えないし、先端部が分かれ、幹自体が傾いている場合があって、樹高の測定は非常に難しい。検測竿は最長で二〇メートルのものがある。この道具は非常に重いうえに、これより高い樹木が測定できない。結局、樹高の推定精度は、直径測定の場合ほど高くはならず、せいぜい一メートルの粗いレベルとなる。毎木調査の工程が終わると、プロトコルは次のステップに移る。

さて、森林の現存量は、一定面積に存在する植物体の重さで表現される。そのために、毎木調査のデータを使って、樹木の重さを求める作業が必要になる。このステップ「伐倒調査」では、実際に樹木を伐倒して個体重を求める作業を行う。まず、調査地の中で健全な姿の樹木二〇本程度をサンプル木として選ぶ。一本一本の樹木を切り倒す前に、立木の状態で樹冠の幅、幹の根元の直径、胸高直径、支柱根・地上根上三〇センチメートル位置の直径を計測する。その後、地面のできるだけ近くで樹木を伐倒する。

樹木が倒れる時に、葉や枝の一部が脱落して、ぱらぱらと落ちてしまう。通称「落ち穂拾い」部隊を配置しておいて、それらすべてを拾い集める。樹木の伐倒は危険を伴う作業なので、注意して行わねばならない。移動手段がない熱帯林では、小さな怪我でも大事に至ることがある。

その後、地上に倒した幹を、根元から一メートル毎の層に切り分ける。幹の層にしたがって個々の支柱根と枝を切り離し、根元の層から順々に、枝と葉と支柱根の重量を測定する。この時、葉は、枝から一枚一枚指でむしり取るしかない。これが通称「葉むしり」と呼ばれる厄介な作業である。すべての層をはかり終えたら、個体全部の幹重、枝重、葉重、果実重そして支柱根重を求めることができる。

そして、伐倒調査で求めたサンプル木のデータから、毎木調査で求めた他の樹木の個体重を推定するステップに入る。この時に使う「相対成長式」は、樹木の個体重を、測定容易な部位の寸法から推定する方法である。樹木の伐倒を含めて、このステップが現存量を求めるプロトコルの中で、最大の難関である。ここを通過すれば、あとは、個体重を積算して単位面積あたりの森林現存量を求めればよい。

4　地上の現存量を調べる

生物の外部形態は、「相対成長」という成長率に関係する法則で決まっている。たとえば、鼻の長い象に比べると、猫の鼻は短い。このことを、顔面と鼻それら二つの成長率の間に、種に固有の関係があると表現し直すことができる。

相対成長という法則が知られるようになったのは、一九三二年のジュリアン・ハクスリーの著書『相対成長の問題点』[12]による。ただし、これ以前にも、ダーシー・トムソンによる『成長と形』という優れた研究があった[13]。生物の形態を数学的に表現することが、この時代としては目新しく、方眼紙上で部分的に成長率を変えれば、フグがマンボウの形に変わるという、まるで奇術のような図をご存じの方も多いだろう。

生物の二つの部分で成長率をとると、それらは互いに比例関係を示す。これが、ハクスリーの説く相対成長の基本的なアイデアである。この比例関係は、顔の面積と鼻の長さのように、次元が異なる場合でも成立する。その関係を実際に表す相対成長式は、グラフを対数軸にすると直線となる性質を

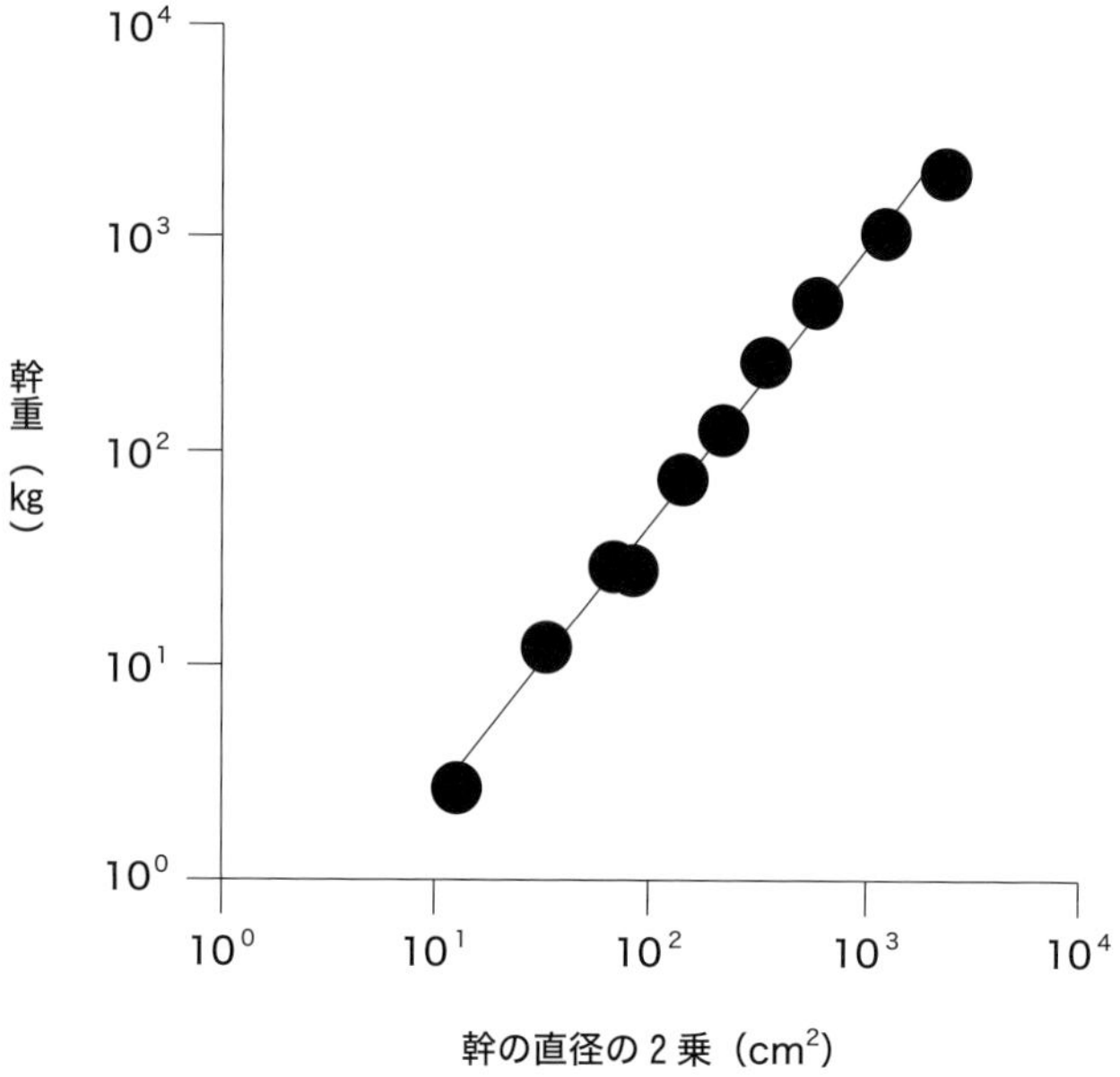

図2-7●ライゾフォラ・アピキュラータの相対成長関係の見本例（著者原図）
幹直径（自乗値）と幹重の関係を示している。図の対数軸で、相対成長式の勾配は1.0に近く、幹の断面積と幹重の間に強い関係があることがわかる。この関係を用いれば、直径測定から幹重を推定することができる。

持っている。

この相対成長式を、ハッサイカオ調査地のデータで試験的に作ってみよう。第一陣が伐倒した一〇本のライゾフォラ属樹木について、幹直径（D）と幹重（W_S）の関係を対数軸にプロットした（図2-7）。この関係は見事に直線であらわされ、$W_S=0.117D^{2.59}$という相対成長式を得た。決定係数は〇・九九四と非常に高い。この式の巾乗数《べき》二・五九は対数直線の傾きを、切片の係数〇・一一七は式の上下方向の位置を決めている。この相対成長式を使えば、樹木の幹直径さえ測定すれば、幹などの重さが推定できる。このような式を作ってしまえば、いちいち樹木を伐倒する必要がなくなり、後の作業が非常に簡単になるのだ。

ところが、便利なはずの相対成長式にも弱点がある。ある森林で作った相対成長式が、別の場所では使えないことがある。つまり、相対成長式は、場所や樹種によって分離する性質を持っている。森林の環境によって、樹木の形態が異なる場合に、前述の係数が変わってしまう。相対成長式の巾乗数、あるいは切片が変化するのだ。

この現象は、「林分分離」および「樹種分離」と呼ばれている。このような分離が生じると、調べる森林の数だけ相対成長式を作らねばならない。それぞれの場所または樹種で、相対成長式を作るためには、樹木をまたもや伐採する必要が生じる。これには多大な労力がいるし、場所によっては伐採が許されないこともある。もし、林分や樹種で分離しない相対成長式ができれば、森林の現存量を推定する作業を著しく軽減することができる。分離を産む原因さえわかれば、多くの場所に共通する相対成長式を作ることができるはずである。後に、私たちは、世界共通のマングローブ相対成長式作りに挑戦した（第6章）。

さて、ハッサイカオ調査地では、すでに、第一陣チームが、一五本のライゾフォラ属樹木と一一本のブルギエラ属樹木を伐倒していた。最大の伐倒木の総重量は三トン（乾燥重量、以下同じ）にも達するもので、生きた樹体に水分が半分を占めるとすると、この一本だけで現場で六トンもの重さを人力ではかったことになる。すべての伐倒木を合わせると、おおきな仕事量になる。根量については、チルホールという道具を使って地中から引き抜き、太い根の現存量だけを計測している。第一陣の研究者は、幹・枝・葉・根それぞれの器官について、相対成長式を作成した[14]。

この原生林における地上部現存量の規模は、ソネラティア帯の一七四・七トン（一ヘクタールあたり、以下同じ）であり、その内陸側にあるブルギエラ帯の一六九・一トン、そして最内陸部にあるライゾフォラ帯の二九八・五トンであった。但し、これらの地上部現存量に、支柱根などの気根は含んでいない。三つの植生帯の中では、ライゾフォラ帯が大きな規模を示している。このライゾフォラ帯の地上部現存量は、調べてみると、世界でも最大級であった。

ただし、この地上部現存量は、陸上にある熱帯雨林と比べて意外に小さい。マレーシアのパソーにある熱帯雨林では、当時、大阪市立大学の小川房人らにより地上部現存量六五四トンという大きな値が推定されている[15]。ハッサイカオのライゾフォラ帯は、この半分ほどの地上部現存量にすぎないのだ。同じ原生林でも、なぜ、マングローブ林では、熱帯雨林よりも地上部の規模が小さいのだろうか。研究を進めるうちに、その理由が明らかになっていく（第4章）。

5 はじめて根を掘った

一九八二年一二月一日、第二陣の私たちは、ハッサイカオ調査地で、いよいよ根を掘り始めた。ライゾフォラ帯の森林に踏み込むと、そこは薄暗い根の王国で、幹の高い位置から人間の胴体ほどもある支柱根が地面まで伸びている。地面には、頑丈な支柱根と、それから分岐する柔らかい根が交錯しており、歩くこともままならない。まるで怪物の胎内に潜りこむ気分になり、ここで根を掘ることにしばし呆然とする。

このマングローブ林では、幹の直径が五〇センチメートルもある巨木が、平気で泥の上に立っている。地上部の重さだけでも五トンを超すであろう。こんなに重い樹木が、泥の上で倒れないで立てるとは、どういう仕組みになっているのだろう。これが現場で初めて感じた疑問であった。これが、さらに興味ある事実につながっているとは思わなかった。

泥の上の樹木の生態について、こんな類推が成立するかもしれない。人間が建物を建てるとき、地盤が弱い場所ほど基礎工事をしっかりと行う。マングローブという樹木は湿地に立っているために、どうしても根を強化しなければならないのではないか。だからこそ、マングローブは、総現存量の多くを根に配分せざるを得ないのでは。もしそうなら、地上部の規模だけを比較して、マングローブ林

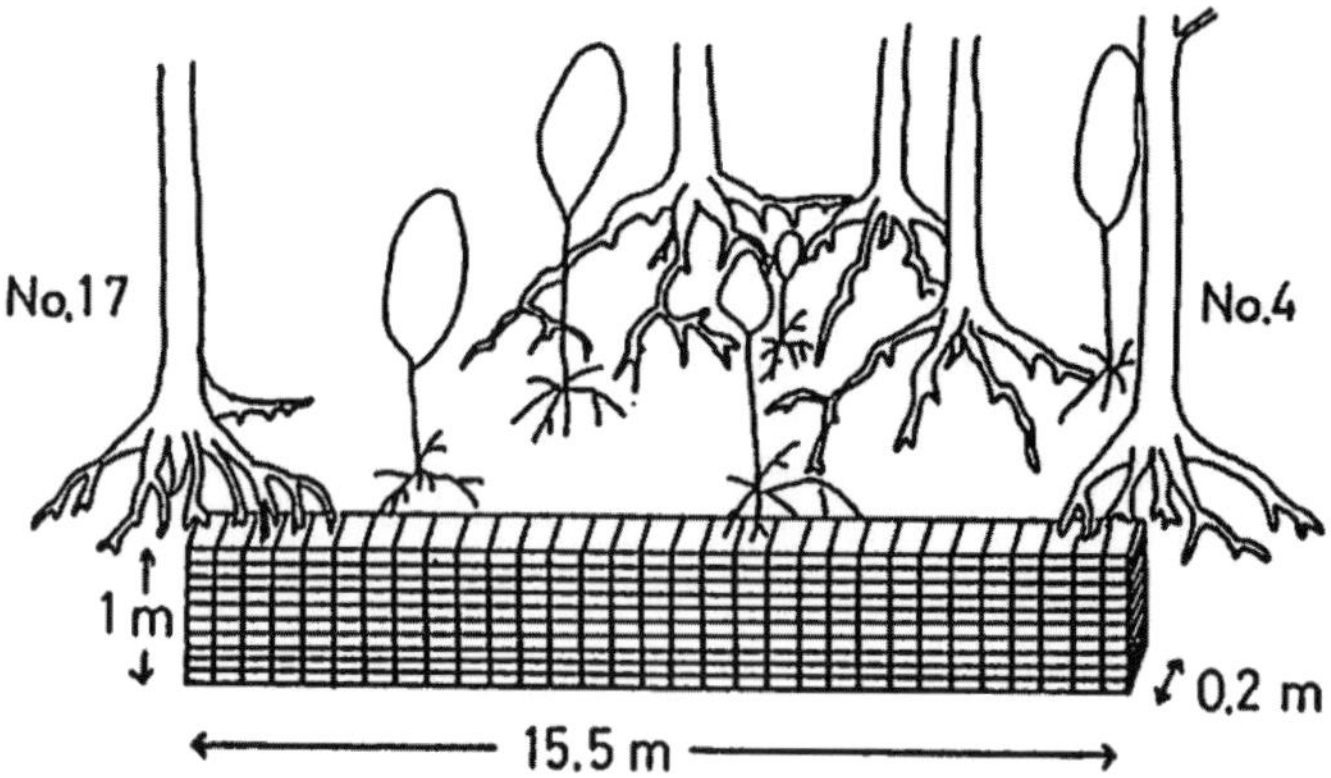

図2-8●ハッサイカオ調査地に設置したトレンチ（著者原図）
2本のライゾフォラ・アピキュラータの間を50 cm間隔に分割し、幅20 cmで深さ1 mまで、合計310個のソイルブロックに含まれる根を掘り出した。著者にとって南タイでの初仕事であった。

が他の熱帯林より小さくなることにも納得できる。

さて、樹木の根の現存量を推定する方法は三つに分かれる。第一の方法として、森林の面積をベースにして、根の量を推定する方法がある。地中に直方体のブロックを設けて、その中に含まれる根を秤量していく。複数のブロックを長く一連につなげる場合を「トレンチ法」と呼び（図2-8）、ひとつのブロックを森林内に多数配置する場合を、「モノリス法」と呼んでいる。これらは、一定の地表面積、あるいは土容積あたりの根の密度を求める方法である。

この面積ベースの方法では、サンプルの大きさと数の決め方が問題となる。もしも、森林の中に樹木の根が一様の密度で分布するなら、サンプルの数はその大きさを問わずに一個でよい。実際に、そんなことはあり得ない。樹木の根は必ず幹の近くに集中分布するので、根密度の場所的変動が生じて、ブロックのサイズを大きくするか、小さなブロックを多数配置するかしなければならない。

すなわち、森林では、樹木の近くで根密度が高く、根元から離れるほど低くなる。文字通り根元に根が集中するために、根密度の場所間変動は非常に大きくなる。たいていの場合、統計条件を満たすためには、非常に大きな面積で根を掘るか、膨大なブロック数が必要になる。このために、「面積ベース」の方法は、実際の有効性が疑問となる場合すらある。

第二の方法として、個体の根量を求めて、それらを積算して森林の根現存量とする方法がある。これには、相対成長式が根重に対して組まれ、幹直径などから個体の根重が推定される。これが「個体ベース」で根の現存量を調べる方法である。この方法にも急所がある。

それは、現場ですべての根を掘るという作業自体にある。かつては、個体の根を、ウインチや機械で引き出して採取するという、手荒い作業が行われていた。これでは、小径の根が切れて、太い根しかはかれない。このほかに、オーストラリアの研究者が、マングローブの根元から二メートル以内にある根をすべて掘りとって、それを個体の根量とする方法をとっている。この方法にも、それよりも遠くにある根が無視される、他の樹木の根が混入するという難点がある。

エンジンポンプの水流で根を洗い出し、個体の根すべてを、眼で識別しながら採集するという面白い方法もある。水流を加減すれば、細い根も付いたまま残すことができる。これが一番確かな方法であるが、マングローブ林で実行した例はあまりなかった。後に私たちは、人海戦術を組み合わせてこの方法を採用した（第6章）。

「面積ベース」と「個体ベース」に続く第三の方法を、今回のハッサイカオ調査で考えついた。これは一種のシミュレーションを使う方法である。多数地点の根密度を計算の上で求めるので、サンプル数が少ないという他の方法の欠点をカバーすることができる（ボックス2）。まず、樹木個体の根の張り方を根密度の分布関数で表す。その後、各個体が、ある地点に落とす根密度を計算する。任意の地点の根密度を積算して、森林全体の根現存量とする。これを「根密度分布モデル(16)」と名付けた。

6　泥と格闘の日々

海岸寄りの場所に、二本のライゾフォラ・アピキュラータの大木が、一五・五メートルの間隔で並んでいる場所があった。この間に、幅二〇センチメートルで、深さ一・〇メートルのトレンチを掘ろうとした。トレンチを、長さ五〇センチメートルで、厚み一〇センチメートルのブロックに分割しての話である（図2-8）。予想のごとく、この根掘りは大変な作業になった。石や礫を含まない泥なので、地下を掘ること自体は楽だったが、苦労したのは壁の崩れやすさと湧き出てくる地下水であった（図2-9）。

図2-9●根掘りの光景（ハッサイカオ調査地にて、1982 年撮影）
トレンチから地下水が湧き出ている。手前から 2 人目がビパック氏、 5 人目が著者。

最初に、ブロックを掘り出すために、トレンチ本体の側方に作業用の穴を一気に掘った。そうすると、あっという間に作業穴に湧き出た海水があふれて、仕事ができなくなってしまった。勢い込んで長い作業穴を掘ったのが間違いだった。トレンチに溜まった水をみて、途方に暮れていたところ、ワーカーの人が付近に落ちている板をかき集めて、トレンチに簡易ダムを作ってくれた。三つに分割したそれぞれの区画で、水をバケツで汲み出して、この地下水の湧出問題は解決した。

そこで、えいやっと泥水に飛び込んで、鋭利な刃物とノコギリでブロックを切り取った。マングローブ土壌は、適度な柔らかさを持っており、堅い豆腐を切るように、長方形の形にブロックを取ることができた。ただし、深いところでのブロック採取は、底から湧き出る地下水と柔泥に悩まされた。カウンターパートのピパック氏が、胸までつかる泥水の中で奮闘してくれた。

この根掘りの後には、数百個のビニール袋が、トレンチの近くに積み上げられている。一個の重さが一〇キログラムに近いので、浜まで運ぶのが重労働であった。ようやく運んだビニール袋の内容物を、手製の大きな篩を使って海水で洗った。その中から肉眼で生きていると判断される根を集めた。それらをラノンの営林署の作業場に運んだ後、そこで八つの径級に分けて重さをはかった。当時は携帯できる電子天秤などは存在しなかったので、「銀ばかり」と呼ぶ携帯用の下皿天秤を使って、一人で数千回に及ぶ測定を行った。いまでは考えられないことである。

根掘り調査の最後に、現場で秤量した生重量を乾燥重量に変換するという作業がくる。この時に、根の乾燥用サンプルを径級別にとって、それをもとに乾重/生重の比率を求める。ラノンには適当な乾燥設備がなかったので、ピパック氏に頼んでサンプルをバンコクに運び、カセサート大学でこれを行った。なお、この作業は、地上部の器官についても行う。因みに、ライゾフォラ属樹木の水分含量は、幹で三五%、葉で六五%、枝と根で四〇%というオーダーであった。

結局、トレンチにある二本のアピキュラータについて、根密度の分布様式を調べることができた。樹木から離れると、根密度は指数関数的に減少した。この減少過程から、ハッサイカオ調査地を一平方メートルに区分して、すべての位置で根の現存量を求めることができた。今なら、この計算はパソコンでもできるだろう。しかし当時は、まだ、大仰な大型計算機に頼るしかなかった。

根密度分布モデルによる推定で、ハッサイカオ調査地のライゾフォラ帯の根現存量は、支柱根を含めて五〇九トンにもなった[16]。マングローブ林に根が多いことは事実であるが、ここまで多いとなると、方法論を含めて根の現存量について、継続して吟味していくことが必要になる。他の陸上の森林をみると、大阪市立大学の小川房人らは南タイの熱帯林で根現存量三一トンを報告している[17]。同じ時期、穂積和夫らはカンボジアの熱帯林で六〇トンの根現存量を[18]、H・クリンゲらはアマゾン流域やアフリカの森林で五〇トン以下の根現存量を報告している[19]。

このモデルによる推定で根現存量が高くなったのは、細根の推定量が著しく大きかったことによる。ところが、前述のゴリーらは、パナマのマングローブ林で根の現存量を調べた時に、マット状に積もった根の塊から、生根だけを取り出すことはあまりにも煩雑であると述べている。また、細根は、水分や養分を吸収する機能的な器官であり、比較的短い周期で成長と枯死を繰り返している。もし大量の細根が存在するならば、その森林は非常に高い純生産量を持っていなければならない。これらについては、今後の慎重な吟味を要する。この次にマングローブ林で根を調べる時に、もう一度個々の根の状態を調べ直し、とくにそれらがマットを形成する場合には、より厳密な基準で生死の判別を行う必要が生じた。本書では、第4章のハルマヘラ島で行った調査の結果を待って、マングローブ林における根現存量の規模を議論させてほしい。

以上、ハッサイカオの調査から、私は多くのことを学んだ。いくつかの失敗もあり、大いに悩みもした。しかし、精魂込めて研究した二ヶ月間は、何事にも代えがたい経験となった。おまけに、カウンターパートの森林官や共同研究者、そしてワーカーまで、心つながる仲間を作ることができた。これから、調べたいこともできた。初めての海外調査を終えて、ビパック氏と握手して、ドンムアン国際空港から帰国するとき、涙が止まらなくなった。

box

ボックス2「根の分布から現存量を求めるモデル」

この根密度分布モデルは、森林の根現存量を非破壊的に求めるもので、その原理は次のようである。非破壊的といっても、相対成長関係の場合と同様に、一部の場所で根のサンプリングを行わねばならない。

まず、トレンチを他の樹木の影響が小さい場所にとり、その一端を樹木の根元に設置して、根元からの距離にしたがう根密度の減少パターンを調べられるようにする。数学的に、個体の根の密度（M）が距離（L）にしたがって減少するパターンを、二つの係数、すなわち初期根密度（M_0）と根密度の減少率（a）であらわす。初期根密度とは、樹木直下における個体の根密度のことである。

ハッサイカオ調査地で、実際の根掘りのデータを使うと、このパターンが指数関数にフィットすることがわかった。指数関数とは、物の量や密度が、幾何的に減少または増加することを表す関数形である。数式で書くと、$M=M_0e^{-aL}$となる。この数式から、係数aとM_0が既知の時、個体が距離Lの場所に落とす根密度を求めることができる。

つぎに、調査地の中で、樹木の分布位置を毎木調査によって調べる。この位置と前述の数式を組み合わせると、調査地内のどんな場所でも、その地点に落ちる複数個体の根の現存量を求めることができる。つまり、関係する樹木の根密度を積算することによって、その場所の根現存量を計算する。この時、係数aは個体のサイズによって変化しないことがわかっている。また、M_0は幹の断面積と比例関係にあることが導かれるので、その値を個体ごとに決定することができる。

　コンピュータを使ってこのモデルを使うと、調査地をXY座標にして、地点毎に自由自在に根の現存量を求めることができる。大木の根元に近い場所では根の現存量が高まり、関係する木の本数が少ない場所では低まる。多地点の平均値として、森林全体の根現存量を計算することができる。こんな方法もあるのだ。

第3章 マングローブ原生林の不思議な構造

1 ウォレスの地、はるかなるモルッカ諸島へ

海と泥が作り出す珍妙な環境、それが育む生物の群れ、マングローブ林の魅力に取り憑かれた私たちは、つぎに東インドネシアに遠征することになった。本章では、調査隊が原生林までたどりついた様子とともに、そこで見た帯状分布という不思議な現象について考えることにしよう。

今度の舞台は、ハルマヘラ島のマングローブ林である。ここは、日本のちょうど南にあって、生物の地理分布の境界ウォレス線の向こう側「ワラセア」と呼ばれる、ふたつの大陸棚に挟まれた生物の

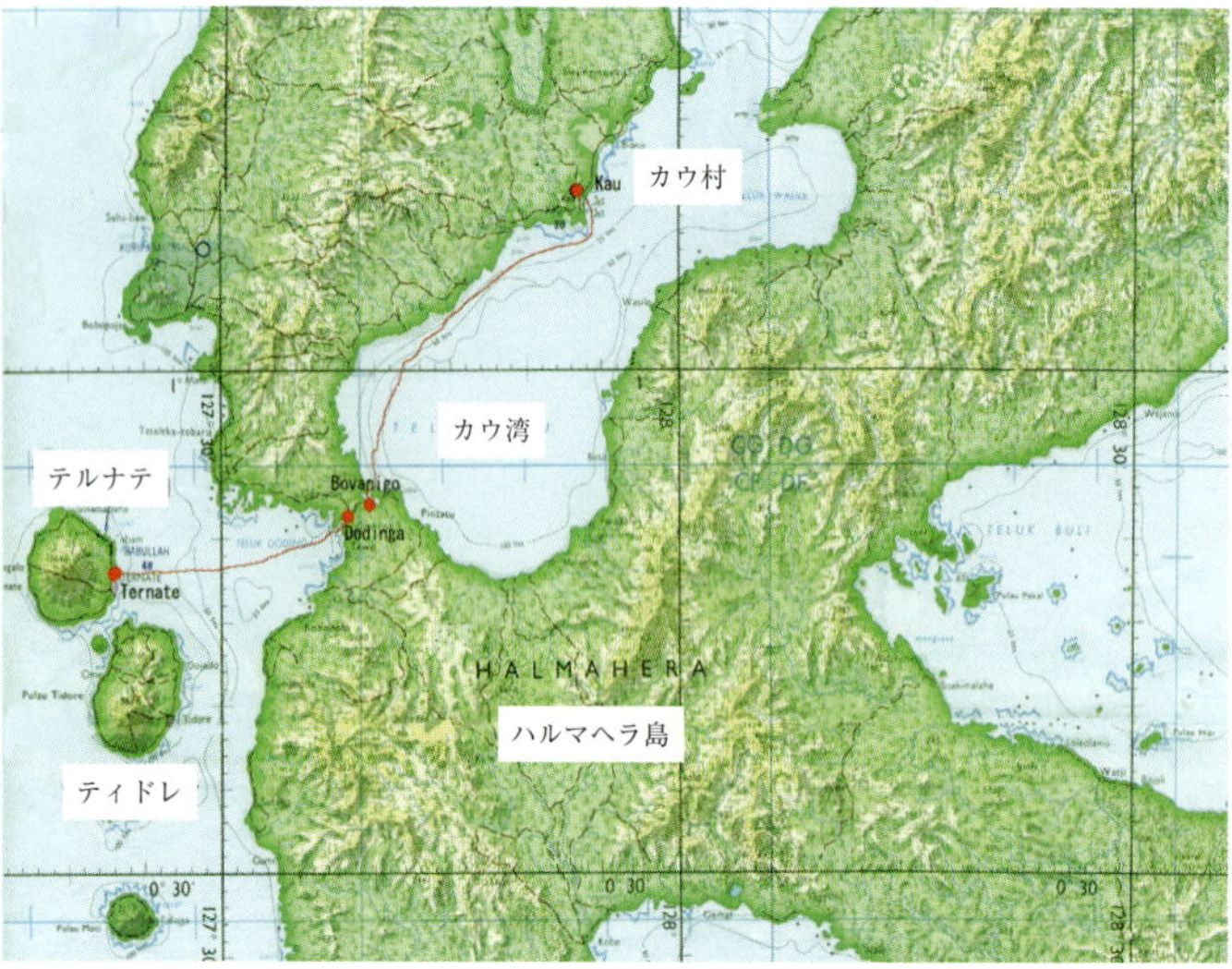

図3-1●テルナテ島からハルマヘラ島のカウ村までの移動経路（市販地図DMAAC（1977）TPC-L-12Cに著者が地名と経路を記入。赤色の線で移動経路を示している）

るつぼのような地域である。そこは辺境で人口密度が低く、簡単には調査に入れない場所であるが、赤道直下にある珊瑚礁と火山で彩られたマングローブ林をみることができる。

　ハルマヘラ遠征の契機は、文部省の科学研究費「インドネシアにおけるマングローブ林生態系の種生物学に関する研究（研究代表者：愛媛大学農学部、荻野和彦）」が採択されたことによる。この時も、私はチーム第二陣の隊員として、一九八六年に参加させてもらえた。荻野和彦先生たちが、一九八五年に第一陣として予備調査を行い、その結果、調査地に選ばれたのが、東インドネシアのハルマヘラ島（図1-15参照）のマングローブ林であった。

ハルマヘラ島は、別名ジャイロロ島あるいはジロロ島とも呼ばれ、太平洋西部にあるモルッカ海・ハルマヘラ海に浮かぶモルッカ諸島で最大の島である。この島はスラウェシ島とニューギニア島に挟まれる赤道近くにある。地図をみると、近くにテルナテとティドレという二つの火山島がある（図3-1）。ティドレは島全体が美しいコニーデの形をしている。

この地域はかつての香料諸島で、一五〜一七世紀のいわゆる大航海時代には、ナツメグ（にくずく）やクローブ（ちょうじ）の貿易をめぐって、ポルトガル・スペイン・オランダなどが争奪戦を繰り広げた場所である。料理に使う香辛料が、莫大な利益をもたらすことから、貿易風に乗った交易船が自国の富をめざして跳梁した。

ハルマヘラ島は、インドネシア共和国の北マルク州に所属し、その中心地はテルナテである。この時期、交通が不便でこれという産業もなく、この地が、かつて世界史の華々しい舞台であったとは想像もできない。ハルマヘラに数ヶ月いたことがあるというと、彼国の人が驚くような場所であった。テルナテ島の山には樹齢三五〇年といわれる古いクローブの木が残っていたので、それを見に行った（図3-2）。

前回の南タイ・ラノンと今度のハルマヘラ島では、緯度が九度違うこともあって、同じ熱帯にあるとはいえ、気象は少し違っている。二つの場所の年平均気温は二六℃前後でほぼ同じである。しかし、降水量では、ラノンが四〇〇〇ミリメートルを超すのに対して、ハルマヘラ島は三〇〇〇ミリメート

図3-2●最古のクローブの木（テルナテ島にて、守屋均氏と 1986 年撮影）
長い年月の末、怪物の手のひらのような枝分かれ樹形になっている。

ル前後と相対的に少ない。

季節的な雨の降り方にも差がある。ラノンでは、日本の夏にあたる月を中心に強い雨季を持ち、それ以外の月には明確な乾季が続く。これに対して、赤道に近いハルマヘラ島では、降水量が各月に平準化される傾向を持っている。ただし、日本の冬にあたる月に雨のやや多い時期がある。

また、ハルマヘラ島には大きな河川が存在しない。ラノンのマングローブ林が、ガオ川が擁する広い河口域にあったのと比べて、ハルマヘラ島では、小さい川の周辺にマングローブ林が分散して分布している。この島は人口が少なく、一部を除いて、マングローブの木材が産業的に利用されることはない。巨大なボルネオ島やニューギニア島、人口稠密なジャワ島などとは異なり、まわりから孤立した海洋島の特徴を備えているようにみえる。

私たちは、このハルマヘラ島で調査を行うために、まず首都のジャカルタで様々な許可をとった。そして、いくつかの行程を経て、最終的にハルマヘラに渡る基地であるテルナテ島に行きついた。実は、そのテルナテの地こそが、生態学徒にとって、知る人ぞ知る聖地になっている。

というのは、進化論に関係するアルフレッド・ラッセル・ウォレスが、一八五八年に、イギリスのダウンに住むチャールズ・ダーウィンのもとに、一通の封書を郵送した。その発信地がまさにこのテルナテであったのだ。

送られてきた封書に入っていた「テルナテ論文」は、当時のダーウィンを驚愕させる内容を持っていた。この論文で、ウォレスは、生物の進化をすすめる力が自然淘汰にあることを、自らの観察により看破していたのだ。それは、後に「ダーウィンの進化論」と称せられる内容に非常に近いものであったという。

テルナテ論文がもし先に出版されたら、ダーウィンにとっては、進化論の先取権が危うくなる。そして、微妙な調整のうえ、一八五八年の七月に行われたリンネ学会で、ダーウィンはウォレスと連名で、自然淘汰説を発表することにした。この間にあった少し複雑な事情は、ブラックマン原著（羽田節子・新妻昭夫訳）の『ダーウィンに消された男』(1)に興味深く書かれている。もちろん、進化論について早くから熟考を重ねたダーウィンが、歴史に残る偉大な研究者であることに、疑問を置く余地はない。

このウォレスは、別に『マレー諸島』という大著をあらわし、熱帯世界の魅力を生き生きと伝えている。(2)動植物、人文、気象や地理のことを調べて、マレー諸島を探検した。この書は、私たち調査隊の常備品でもあった。ジャイロロ島（ハルマヘラ島）のことは、残念ながら短く書かれているにすぎない。しかし、ウォレスがテルナテ島から海を渡って、ドディンガの村に上陸したコースは、まさに、これから私たちがとろうとしているコースなのである。

ウォレスは、日本の江戸時代にあたる時期に活躍した学者であり、何度も危険な目に遭いながら、現地で採取した生物の標本を売って生計を立てていた。一度は、採集旅行の帰路に船火事にあい、全財産を失いかけたこともあった。経済的基盤を持たない彼にとって、熱帯で採取する珍奇な標本は、博物館や好事家に売るための生活の糧であった。

彼の興味は広く、動植物の分類はもとより、文化・気象・測量術などに及んだ。時には、降霊術にのめりこみ、また、地球が丸いことを示すコンテストに出たこともあるそうだ。経済的に恵まれたダーウィンの境涯と比べると、まさに緑の魔境をひとり歩む彼の姿に、どうしても私たちは判官贔屓を抱いてしまう。このウォレス由緒の地「ワラセア」を訪れることに、チームは興奮を覚えた。

ワラセアという生物地理の区分は、地質学上のスンダランドとサフルランドに挟まれた地域にある。スンダランド（スンダ大陸棚）は、一万六千年前までの氷河期には広大な陸地で、石器時代の人類がここで生活し、また陸伝いに広い範囲で移動することが可能な地域であった。現在のマレー半島・スマトラ島・カリマンタン島・ジャワ島域にあたり、遠い過去にはチャオフラヤ川やメコン川がここに流れていた。

現気候では、海水面が上がってスンダランドは島嶼地帯になっている。一方、サフルランド（サフル大陸棚を含む）は、現在のニューギニア島・オーストラリア域に位置している。ワラセアは、スラウェシ島・ハルマヘラ島・ティモール・フローレス諸島の地域にあり、過去に二つのプレートが衝突して陸が沈降した場所にあたる。

ウォレスが、バリ島とロンボック島の間に、前述の「ウォレス線」と呼ばれる生物の境界をみつけたことは有名である。バリ島側でスンダランド要素のサル・トラ・サイ類などの動物は、海峡をはさむロンボック島には存在しない。また、このワラセア側では、オーストラリアやニューギニア要素の多くの動物相が欠如している。オーストラリアとの境界は、「ライデッカー線」で分けられている。現在のワラセアは島嶼部であるにもかかわらず、生物種の多様性が高く、固有種の数も多いとされている。

2　ワラセアにたどり着く

やはり、ワラセアは僻遠の地であった。かつてのウォレスの旅行に比すべくもないが、ハルマヘラの調査地に到達するまで、私たちなりに大きな苦労があった。

まず、現地には食べ物以外何もないので、日本から輸送する研究装備がふくれあがった。まだ兵庫（大阪）に伊丹国際空港しかなかった頃で、私は出発許可が下りるまで、一人で百キロ以上の装備品をもって、妻の実家でスタンバイしていた。ところが、インドネシアから入国ビザがなかなか発給されない。はやる気持ちを押さえて数日待機した後、ようやく成田経由で当地に向けて出発することができた。

インドネシアに着いたあとは、首都ジャカルタから五〇キロメートルほど離れたボゴール植物園のゲストハウスに泊まって、インドネシア側カウンターパートと打ち合わせを始めた。このゲストハウスは、木立に囲まれ、すばらしい雰囲気を持っていた。この間に、インドネシア科学院（ＬＩＰＩ）で調査許可をもらい、警察署で外国人の旅行許可証を発行してもらった。そして、ジャワ島を離れることができた。

私たち日本人隊員八名とカウンターパートは、このあとバリ島で開催されるマングローブ・ワークショップに出席した後に、東インドネシアにあるアンボンに向けて飛び立つ予定であった。この寄り道が面倒な事態を引き起こした。

困ったことに、ワークショップが終っても、バリ島から出発できなくなってしまったのだ。それはこんな理由だった。ちょうどこの季節は、大勢のイスラム教徒がメッカ巡礼に行き来する時期で、デンパサールからマカッサルに行く飛行機の切符がどうしても手に入らない。数日間ホテルに沈殿しても解決がみえなかった。このままでは、肝心のハルマヘラ島で過ごせる日数が少なくなり、当初の計画どおり調査が実施できなくなる恐れが出てきた。なぜか、歯が猛烈に痛み出した。

私は一計を案じ、数社の航空機のタイムテーブルと首引きになり、複数の空路を結びつけて、アンボンに至る構想をたてた。私の調査日誌には、「デンパサールからの脱出」というページがあり、様々なパターンの航空経路が書かれている。そして、回り道ながら、バリ島から一旦スラバヤを経由して、マカッサルに至る経路を発見し、かろうじて隊員分の航空券を入手して全員がバリを脱出できた。

そして、スラバヤで一泊した後に、別便をマカッサルで乗り継いで、やっとマルク州の州都アンボンまでたどり着いた。アンボンにあるインドネシア科学院の支所で、数日間にわたり調査の最終調整を行い、そこに所属する二名のロビー氏とベノニ氏という、力強い技官をメンバーに加えることができた。

この地では、敬虔なイスラム教の礼拝の声が、朝な夕な、大地から湧くように素晴らしく朗々と響く。宿舎の方からみると、湾の向こうに大きな屋根を持つモスクがあった。そこへ向かうコレコレ船は、舷側にアウトリガーを付けており、メラネシア要素を感じる場所でもあった。ここまでくれば、次の行程、アンボンからテルナテまでは、飛行機でほんのひと飛びである。赤道直下に入る頃には、歯痛は治まっていた。

たどり着いたテルナテは、予想通りに綺麗で宝石のような島であった。真ん中に活火山のガマラマ山が陣取り、海沿いにこぢんまりした古い町並みがみられた。ただ残念なことに、島にウォレスの痕跡は何も残っていなかった。インドネシアの島嶼では、ハルマヘラのように大きな島よりも、テルナテのような小さな島の方に、人口の多い町があるように思える。たぶん、風土病や外敵から身を守るのに好都合だからであろう。火山地帯なので、大きな地震がたびたび起こり驚かされる。

変わったところでは、この島の対岸で、珊瑚礁型のマングローブ林をはじめてみた。珊瑚がくだけた基質のうえに、ソネラティア属の樹木がかろうじて生えている。土壌は薄く、泥も少ない。川もない。さて、彼らは養分をどこから得ているのだろう。

調べてみたい気持ちは山々だが、隊長はじめ私たちにとって目下の課題は、今いるテルナテ島からハルマヘラ島の反対側のカウ村まで、調査資材と隊員をどうやって運ぶかである。ハルマヘラ島は、テルナテから遠望できる距離にあるのだが、移動手段を選ぶことは案外難しい。また、カウ村からテルナテまでの撤退路についても、前もって考えておかねばならなかった。

3 カウ村上陸作戦

実は、ハルマヘラ島のカウ村（前図3−1）には、小さな芝生の飛行場が存在しており、一九八六年当時でも、月に何便かテルナテから双発のぼろ飛行機が出ていた。これは旧日本軍が作った飛行場で、往時は零戦など軍用機が飛んでいたそうである。私たちも飛行機が使えると困らないのだが、不定期に飛ぶ小型機では、一〇名を超える隊員と大荷物を、適時に輸送することができない。ではどうしたらよいのか、私にはさっぱりわからなかった。

残された手段は、海路と陸路を組み合わせである。隊長とカウンターパートがたてた作戦は次のようであった。まず、テルナテ島で舟をチャーターして、ハルマヘラ島の地峡部にあるドディンガ村に渡ることにする。なんと、これは一五〇年前にウォレスがたどった道ではないか。そして、ドディンガ村から、カウ湾側のボバニゴ村に行くために、島の地峡を越える。さいわい、この地峡には地道があったので、トラックさえあれば、ボバニゴ村まで陸上輸送ができるはずだ。ところが、ボバニゴ村と最終目的地のカウ村の間には道路がなかった。ボバニゴ村に着いた後に、再び舟がチャーターできれば、北上してカウ村にたどり着くことができるだろう。

そして私たちは、調査を終えたあとに、撤退する方法も前もって計画しなければならなかった。カウ村には、電話や無線など通信手段がないので、テルナテに直接連絡を取ることはできない。帰りの日も今は決まっていない。また、復路では標本などの荷物が増えるので、なおさら飛行機便は使えない。

そんな条件を満たすのが、逆回り飛行機併用コースであった。隊員一名が、飛行機でまずテルナテまで帰る。その隊員は、往路のコースで再びボバニゴ村まで来る。途上、トラックや舟を手配する。一方、残りの隊員は、カウ村で舟をチャーターしてボバニゴ村まで行き、その隊員が手配したトラックと舟を使ってテルナテに渡る。これは見事な計画であった。

この計画にしたがって、調査資材の輸送を受け持つ私は、和田恵次氏（当時、京都大学）、守屋均氏

図3−3●ハルマヘラ島のドディンガに上陸（ドディンガにて、1986年撮影）
150年前にウォレスもここに上陸した。遠方に見えるコニーデは、火山島のティドレである。岸が浅いので、沖合の舟から艀に乗り換えて上陸した。ここから地峡を越えて、カウ湾側のボバニゴに行った。

（香川大学）、藤間剛氏（当時、愛媛大学大学院生）、スハルジョノ氏（ボゴール植物標本館）、アリ氏（同動物標本館、故人）たちとともに、早朝にテルナテ島を出発し、海峡を越えて午前中に無事ドディンガ村に着いた（図3-3）。

そこは、自分の思いもあってか、ウォレスが見た光景に近いような気がした。実際には、小さな熱帯雨林、トラック一台と村の家屋以外に、変わったものはとくにみられなかった。ただ、海岸だけは群を抜いて美しかった。

そして、地峡越えである。骨組だけのトラックに乗って、熱帯雨林の中を、赤土むきだしの道でボバニゴ村に向かった。こんな道では、雨が降ると滑りやすくなって進

図3-4●カウ村沖に擱座した旧日本軍の徴用船（ハルマヘラ島にて、1986年撮影）

東星丸（神戸）は、マニラからの航海時に米潜水艦から雷撃を受けた。このあとカウ湾まで曳航され、浅い砂底に擱座したという記録が残っている。

めなくなるだろう。それでも、歩くことを考えると格段にましである。カウ湾側のボバニゴ村では、軒に大天秤をつるした雑貨屋があったことだけを覚えている。何に使うのだろう。

閑散としたボバニゴ村のまわりには、太平洋戦争時代の戦跡があり、上陸用舟艇の残骸がまだ残っていた。そして、海が浅いので艀《はしけ》を使って、カウ村に行く舟に乗り込んだ。この艀は吃水が浅かったので、貴重な調査資材が水に濡れないか、じつに心配だった。この作業も、なんとか無事に済ませて、私たちを乗せた舟はカウ湾を北上し、一路、最終目的地のカウ村に向かった。

広いカウ湾に行き交う舟は一艘もみえず、たまに対岸に小さな村があるほかは熱帯雨林に囲まれた小さな開墾地しかない。遠く一本の煙の柱が空に登っていたのが印象的であった。舟が進むと、イルカの群れがついてくる。

カウ湾の西岸を北上すると、次第にマングローブ林が姿をあらわし、タボボという場所からは、かつて南タイのハッサイカオでみたような光景になった。いよいよ、本物のマングローブ地帯に入ったと感じた。

この付近にも、太平洋戦争時に擱座した輸送船が数隻残っており、機銃を被弾した跡が無数に開いていた。まだ、船尾に日本語の船名が読み取れるものもあった（図3-4）。そこからしばらく行くと、徐々に森が開け、舟が小さな岬を回ると目の前にひっそりとしたカウ村があらわれた。ついに、私たちのカウ村上陸作戦は成功した。

この日が一九八六年の八月一五日であるから、七月三一日に大阪を出発して以来、カウ村に到着するまで、ちょうど半月が経過したことになる。すでに到着していた荻野和彦先生たちとここで合流した。隊には、マングローブの気根につく藻類相を調べる千原光雄先生（当時、筑波大学）たち三名が含まれていた。

カウは、砂浜に面した静かな村である。この砂浜は、夕方になると、木の棒の釣り竿を持ったおばさん達が並んで、夕食のおかずを捕る場所となる。ただし、釣れるのは小魚ばかりだ。きちんとした港はなく、浜の数十メートル沖合に何隻か漁船が舫ってある。浅い海であるために大きな船は停泊できない。

カウ村には百軒ぐらい家があったろうか、その中の一軒に旅籠があり、一行はそこに落ち着いた。道には電柱も電線もなく舗装もされてないが、旅籠の近くに雑貨店があって、たしかその店先にはマラリア薬の束がぶら下がっていた。

カウ村で、心配したのは病気と事故であった。もし重い病気や外傷を負う事故がおこっても、まわり数百キロメートルの距離には満足できる病院がない。とにかく安全を第一に心がけた。まず、翌日まで疲労を残さないことが大事である。病気では、とくにマラリアが心配だったので、ジャカルタの薬局で薬を購入しておいた。それを毎週一錠のめば、血液中の原虫が殺せるということであった。何とこれが間違った予防法であることが、後で判明した。危険きわまりない方法で、失明しかけた人も

図3-5●ソソボック調査地に舟で通う（ハルマヘラ島にて、1986年撮影）
船頭デルマン氏（左）とオミッテイ氏（右）。

いるそうだ。今はこんなことをする人はいないし、絶対にやってはいけない。

カウ村で調査を始めるにあたって、全員で地域の分郡長さん宅を表敬訪問した。まず、この地域のボスの許しを得なければならない。そこで、現地で雇うワーカーと毎日の舟の手配についても相談した。

実は、こんな懸念があったようだ。カウは貧しい村である。だから、私たちが落とすお金は、この村の経済に大きな影響を与えてしまう。とくに、毎日、船頭と舟の所有者に支払うお金は、私たちには少額にみえても、村に成金を作ってしまうことになる。成金は他の村人にねたまれてしまい、場合によっては呪術師に黒魔術をかけられる。このような話の筋だったと記憶している。

こんな事態は避けねばならない。たぶん分郡長さんの発案であったのだろう。私たちが雇ったのは、船頭のデルマンと所有者のオミッティという親子であった（図3-5）。オミッティはカウ村でただ一人の呪術師だという噂であった。なるほど、それなら他人から術をかけられる心配はなかろう。

4 ソソボックのマングローブ原生林

デルマンの操る舟で一時間ほどの距離にソソボック調査地がある。カウ村の近くには、人間が開墾した低い森林があった。いくつかの岬と砂州状の小島を舟が越えると、次第に大きなマングローブの森がみえてくる。海は浅くて底が透けてみえる。砂州地帯では、足で踏みつぶすほどエビの大群があらわれることもあった。

さらに行くと、海岸に小さな砂丘を持つ浜があり、そこにソソボック川が流れ込んでいた。この川は、開口幅は一七メートルの小川である。人口密度が低いためか、この辺りに人の影響はほとんどない。浜から入ったところに、前年のメンバーが場所を決めたソソボック調査地の鬱蒼としたマングローブ林があった。

ここで調査できる日数は限られている。あせりぎみにカウ村到着の翌日から、香川大学の守屋均氏

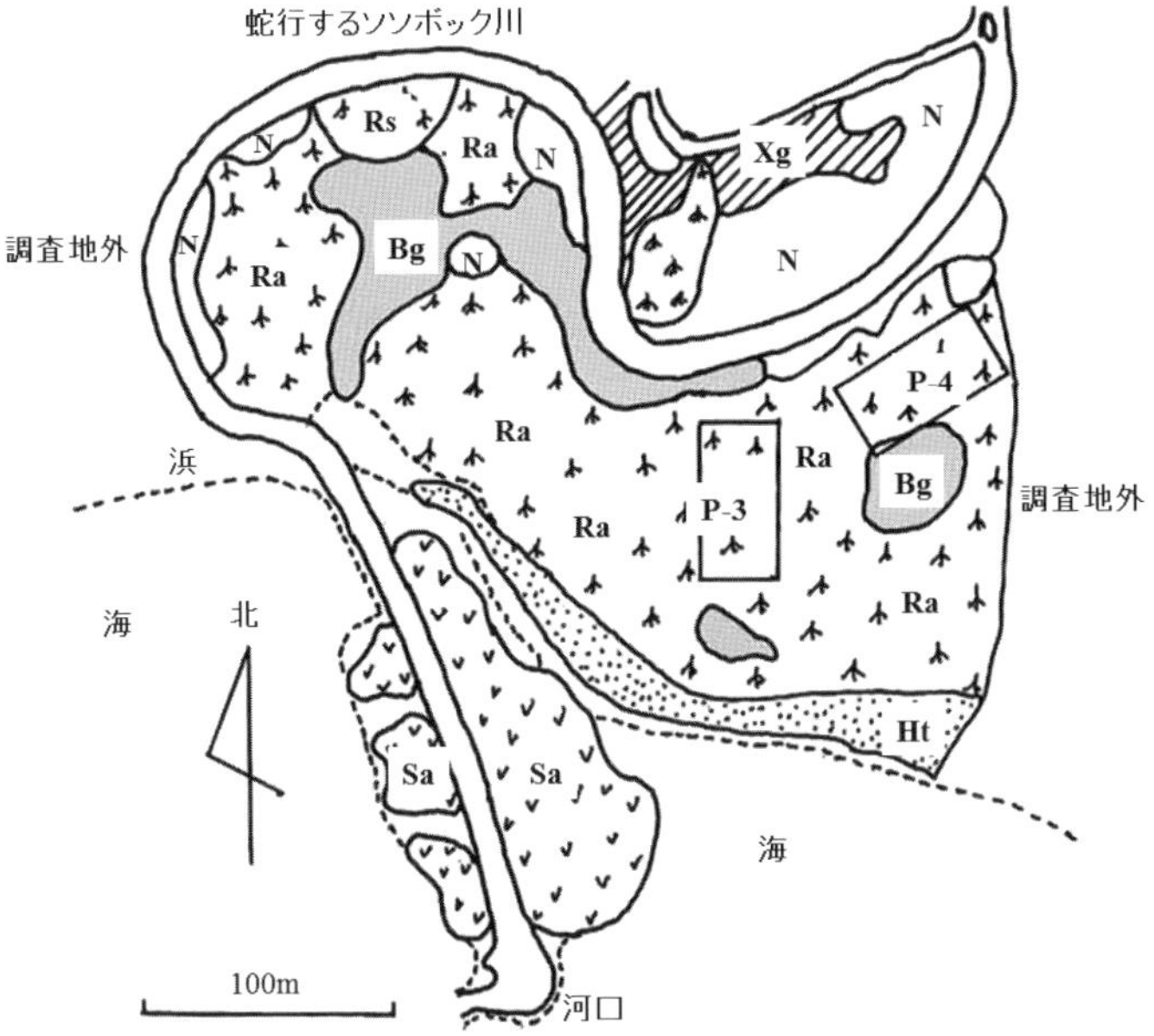

図3-6●ソソボック調査地の植生図（著者原図）

総面積 8.4 ヘクタール。Ht：ハイビスカス等が生える小砂丘、Sa：ソネラティア帯、Ra：ライゾフォラ帯（ライゾフォラア・ピキュラータが優占）Rs：ライゾフォラ帯（ライゾフォラ・スタイローサが優占）、Bg：ブルギエラ帯、N：ニッパ帯、Xg：ザイロカルパス帯。本文の P-3 と P-4 の位置を四角い枠で示す。Komiyama et al.（1988）を参考にして作図。

たちとともに森林の測定を始めた。まず、測量用の簡易コンパスで八・四ヘクタールの森林を周囲測量して、ソソボック調査地の形状を確定した。川の流路を調べるとともに、全員が物差しを持って横一列に並び、水面の位置から土地の比高を測定した。その後、調査地を踏査して樹木の分布を調べ、一週間ほどでソソボック調査地の植生図ができあがった（図3-6）。

この植生図から、前の

南タイとは少し違うマングローブ林の特徴をみることができる。ソソボック川は、前述のようにまったくの小川である。この川が調査地内を蛇行している。おそらく、過去にあった川の道筋を反映して、調査地では小面積単位で地面が変化している。すなわち、蛇行の外側で浸食が起こり、内側では泥や砂が流速に応じて堆積する。これが、場所を少しずつ移動しながら、繰り返されたのだろう。

海水は、満潮時にソソボック川の河口から侵入する。川岸が高いので、潮で冠水するのは川岸の限られた場所だけである。その内側の湿地には、大潮が極大となる日を除いて海水は入らない。また、海辺の前面には二メートルの高さの小砂丘があって、この方向からの潮の侵入を阻んでいる。大潮の最大満潮時にだけは、ここからも海水が、背後の湿地にどっと流れ込む。滞在中、私たちは九月四日にその大パノラマをみた。まるで、マングローブ林全体が海に飲み込まれるようだった。

このようにして侵入した海水が、内陸の低地に水溜まりを作る。この水溜まりは、つぎの大潮までのあいだ日射により水が凝縮され、その分だけ土壌の塩分濃度が高まる。ただし、雨が降った時には、その濃度が低まる。愛媛大学（当時）の藤間剛らがここで行った調査によると、重粘な基質を持つ場所では、内陸地の土壌水が水平方向に動くことはほとんどない。ただし、岸沿いの場所だけは別で、溜まった水がソソボック川に流出することがある(3)。

ソソボック調査地では、ハッサイカオの場合と同様に、ソネラティア帯が渚の近くに分布している。土砂の堆積が河口の先端部で起こり、そのためにソネラティア帯の森林は半島状に鋭く突き出た形状

図3-7●ブルギエラ帯（ソソボック調査地にて、守屋均氏と 1986 年撮影）
川の湾曲部で地面が盛り上がった部分に、板根を持つブルギエラ属の林が分布していた。暗い林床に点々とみえる小さな突起は、ブルギエラ・ジムノライザの膝根（呼吸根）である。

を示している（図3-6）。ソネラティア・アルバの大枝が水平に伸びており、それが地面に接する部分から不定根が発生していた。もし、この枝が独立した個体に育つとすれば、このマングローブは伏条更新で繁殖していることになる。

伏条更新とは、挿し木を連想する栄養繁殖の一形態である。我が国では、天然スギが伏条更新で繁殖することが知られている。日本海側の山岳地で、冬の積雪によりスギの下枝が垂れて、接地部から根が発生した後に別個体として分離する。これとは条件がまったく違うのに、マングローブでも伏条更新が成立しそうなのは面白い。厳しい生息環境で、植物は思いもかけぬ適応をみせるようだ。

海辺の小砂丘は、頂上部の横幅が二メートルあって、その砂地にはハイビスカス属とテスペシア属の樹木が生えていた。この小砂丘から内側の場所に、平坦な湿地ができている。この広い湿地を、ライゾフォラ帯の森林が占め、樹高四〇メートル近いライゾフォラ・アピキュラータの樹木が、密な林冠を形成していた。樹木のサイズはハッサイカオ調査地に勝るとも劣らず、まさに原生林の偉容を感じる。

ブルギエラ帯（図3-7）もこの湿地に存在するが、これらは「帯」というよりは小面積に分散した区域でまとまった「パッチ」を形成している。ここでも樹木のサイズは非常に大きい。ブルギエラ・ジムノライザの最も広いパッチは、川が湾曲する中州のような部分にあり、ここは、粒径の粗い砂を含むために、地面が少し盛り上がった場所であった。

また、ソソボック川を遡った右岸には、淡水を好むニッパヤシが生えるところがあった。この場所ではザイロカルパス属の樹木も存在していた。このあたりまで、海水の影響を受けるのだろう。これより上流にマングローブは存在しない。

このように、ソソボック調査地では、川による地形の形成にしたがって、それぞれの樹種がパッチ状に分布していた。これは、ラノンでみたように、海岸と平行に植生帯が分布するパターンとは異なっている。このようなパターンも、マングローブの帯状分布の一つと捉えることができる。

5 帯状分布の不思議

潮間帯内に生じるわずかな標高の違いで、なぜ、樹種が交代して帯状分布ができるのだろう。これは、マングローブ林が示す不思議のひとつである。一般に、気温や降水量などの気象要因によって、森林植生は異なる姿を示している。地球上では、緯度が高くなると、太陽が傾いて気温が低くなり、これに反応して樹木の種類と構成が変化する。すなわち、地球の南から北に向かい、熱帯林・亜熱帯林・温帯林・亜寒帯林が配列している。この森林帯分布は、全球にわたって生じているダイナミックな現象である。

これと比較して、マングローブの帯状分布は、潮間帯上部にある標高差わずか数メートルの範囲で起こる現象なのだ。そして、熱帯のどの場所でも、パターンの違いこそあれ、マングローブ林は帯状分布を持っている。しかも、森林がかなり若い段階からその分布がみられる。かくも頑強に、マングローブの分布を支配する要因とは一体何だろう。

この謎の要因は、古くから研究者を悩ませてきた。帯状分布の記述はマレーにおけるJ・G・ワトソンの研究[4]に始まり、後にW・マクネや[5]V・J・チャップマンが[6]、その要因について論じている。京都大学の山田勇は、これらの文献に基づいて、決定要因をまとめた[7]。マングローブの帯状分布を起こす決定要因には、浸水頻度、樹木の耐塩性、土壌の性質、繁殖子のサイズ、植生遷移が挙げられている。ほかに、胎生稚樹を補食するカニ類の圧力が関係するという論文もある。なお、統計分析にかけても、植生の分離が有意に検出されない場合もあるようだ。(8)(9)

まず、塩分濃度説では、潮の侵入パターンが決める土壌の性質と樹種の性質の対応関係から帯状分布を説明している。滞水頻度が高い海辺側の場所ほど、樹木が被る塩分の濃度が高く、マングローブの塩分耐性の順に海辺から内陸に樹種が配列するというのが一般的な考えである。たしかに、東南アジアでは、渚付近にアビシニア属など「塩分分泌者」が多く分布しており、内陸側にはヒルギ科の「非分泌者」が分布している。また、実験室でマングローブを育てると、成長に最適な塩分濃度が樹種毎に異なっているそうだ。(10) このように塩分濃度説は、一見つじつまが合っている。いまのところは、これを最も有力な説とみる人が多い。

繁殖子のサイズ説は、コーネル大学のD・ラビノビッツが提案したものである。(11) この説では、胎生稚樹の長短や繁殖子の大きさが、定着場所に影響を与えている。彼女がみたパナマのマングローブ林では、長い胎生稚樹を持つ樹種は渚近くに、短いものや小さい繁殖子は内陸側に分布しているそうだ。この配列は、潮流が胎生稚樹を物理的にソーティングした結果であり、繁殖子の定着特性に関係して帯状分布ができると推論している。たしかに、小さい種子ほど、水流で動きやすい気もする。ところが、東南アジアでは、そもそも樹種の配列自体が逆になっている。この説の予測とは裏腹に、小サイズの繁殖子を持つアビシニア属やソネラティア属の樹木は渚付近に分布している。彼女の解析のどこかに、現実に合わないところがあるに違いない。

植生遷移説は、海辺に泥が堆積して、森林が海の方向にゆっくりと拡大していく時に、土地ができる時間差によって、マングローブの帯状分布が生じるという考えである。新しい土地から古い土地にかけて、耐陰性の違いにより樹種が交代していくのだ。この説では、遷移の初期種が浜辺に、後期種が内陸よりに分布することになる。この説も、ソソボック調査地でみたように、複雑な地形と潮流で、基質の堆積と侵食が短期間でくり返される場所には、あてはまらないように思われる。それに、マングローブ樹種に耐陰性の大きな違いは認められないし、実際の調査で樹種の交代が確実に確認された例もほとんどない。

これらの説は確とした実証データを伴わないので、仮説の域を出ないといってよい。最有力の「塩分濃度説」ですら、現状に合うかどうかわからないことを示して見せよう。たしかに、海側に出現するマングローブ（アビシニア属やアエジセラス属、ライゾフォラ・ムクロナータなど）は耐塩性が強く、内陸側のマングローブ（ライゾフォラ・アピキュラータやブルギエラ・ジムノライザなど）は耐塩性が弱いので、前述のように、一見この説は成立しそうにみえる。

ところが、実際にマングローブ林を観察すると、必ずしも塩分濃度が海辺からの距離で低くなる状況ばかりではないことがすぐわかる。というのは、土壌の塩分濃度は、海水の流入・河川水の流入・

降水・蒸発、この四要因にしたがって変化しているからだ。従来決め手と考えられていた海水の流入のほかに、要因は三つもある。海水の流入だけが、土壌の塩分濃度を決定しているのではないのだ。

ひとつの思考実験で示してみよう。まず、内陸側ほど冠水時間が短い。その結果、水分の蒸発が顕著に起こり、土壌の塩分濃度は内陸側で高くなることが考えられる。また、マングローブ林に河川の水が流入するとき、比重の軽い淡水が満潮に乗って林内に侵入する。そして、次の引き潮で水面が下がる。淡水による土壌からの塩分の洗脱は、冠水頻度が高い渚ほど顕著になり、この場合も内陸側に高い塩分濃度の土壌ができることが考えられる。もしそうなら、「塩分濃度説」は成立しないだろう。

また、実際には、雨季と乾季で流入水の塩分濃度に違いがあること、土壌の層位で水の塩分濃度に違いがあること（どうやら、深い層ほど塩分濃度が低い場合があるらしい）など、考慮すべき要素は他にもある。土壌水の塩分濃度を、植生帯別に調べた例はなさそうなので、現在それを調べているところである。

こんなことがあるので、従来の塩分濃度説で帯状分布が生じているとは、単純には考えられないようである。ただし、砂漠地帯の海浜では、海水自体が非常に高い塩分濃度を持つので、耐塩性の高いアビシニア属の樹木しか生えられない。これなどは、塩分濃度に樹種の分布が影響を受ける例であろう。[12]

補記：植生帯毎に土壌水の塩分濃度を実測すると、岸辺から内陸に向かう距離にしたがって、本当に塩分濃度が高くなっているのだろうか？　これを検証するために、東タイのトラート調査地（第6章）で、深さ一〇センチメートルまでの土壌水の塩分濃度を水平方向に一メートル間隔で調べた（二〇一六年三月計測、計一二〇地点、総標高差七五センチメートル）。その結果、岸辺から内陸にかけて、塩分濃度の平均値はソネラティア帯（三・〇九％）・アビシニア帯（二・六八％）・ライゾフォラ帯（二・七五％）・ザイロカルパス帯（二・三九％）であった。たしかに、岸辺にあるソネラティア帯では塩分濃度が他よりも少しだけ高かった。アビシニア帯とライゾフォラ帯の間では、塩分濃度に大きな違いは認められなかった。最内陸にあるザイロカルパス帯も、塩分濃度がいくぶん低い程度であった。これらのことから、この調査地では、樹種分布に影響を与えるほど塩分濃度の違いは大きくないようである。今回は、乾季の計測値である。もし、雨季に同じ測定をすれば、流入する淡水の影響が強くなるので、全体的により低い塩分濃度が観測されるだろう。

6　根系の違いが帯状分布に関係する？

では、もっと説得性のある決定要因はないだろうか。そのヒントは、ハッサイカオとソソボック調査地の原生林で帯状分布パターンが異なっていたことに、潜んでいるかもしれない。ハッサイカオ調査地では、内陸に向かって渚に平行に、ソネラティア帯・ブルギエラ帯・ライゾフォラ帯が分布していた。一方、ソソボック調査地では、同じ樹種群が渚に平行ではなく、それぞれが小面積のパッチに分かれて植生帯を形成していた。両者の違いに基づいて、帯状分布が生じる原因を考えればよいのだ。

地形を比較すると、ハッサイカオ調査地では、渚から内陸に行くにしたがって、土地の標高が単調に高くなっていた。一方、ソソボック調査地では、ソボック川の影響で、小面積単位で基質の堆積と浸食が繰り返され、前述のようにモザイク状に標高が異なる地形ができていた。そして、渚からの単純な距離ではなく、場所毎の標高で整理すると、ハッサイカオとソソボック調査地ともに、標高の低いところにソネラティア属・アビシニア属の植生帯が存在し、高いところにはライゾフォラ帯が存在している。また、いずれの調査地でも、砂成分が多くて盛り上がった場所にブルギエラ帯が存在している。

二つの調査地ともに、帯状分布のパターンが標高に強く依存していることがわかる。ただし、標高そのものを帯状分布の決定要因とすることはできない。なぜなら、帯状分布とは、もともと標高差で植生が変わる現象を指すのだから。

では、視点を樹木の側に切り替えて、帯状分布の決定要因を探ることにしよう。マングローブの樹種間にみられる樹形の違いは、何といっても根系に良くあらわれている。前述のように直立気根型・支柱根型・板根型という異なる根系がある。根系の違いと帯状分布の配列の関係を見ると、二つの調査地ともに、標高の低い側から（直立気根型：ソネラティア属・アビシニア属）→（支柱根型：ライゾフォラ属）→（板根型：ブルギエラ属）と変化しているではないか。

すべてのマングローブにとって、水流にどう対抗するかは生存にかかわる重大事である。標高により水流や土壌の状態に違いが生じ、樹木がその違いに応じた根系を持つことは充分に考えられる。たとえば、ソネラティア帯とアビシニア帯の樹木は、最も低い標高に分布するために、これらが水流に曝される時間は一番長い。水流に直接曝されるのは地上にある直立気根の本体である。これらの直立気根群は、地下にあるケーブル根でしっかりと地面に固定されている。渚近くにこの植生帯が存在するのは、水流への抵抗の少ない直立気根型の根系が合うからであろう。

また、ライゾフォラ属の樹木は、渚より少し内陸寄りの、より標高の高い場所に分布している。この場所は、水流の加減で深い泥で覆われている。支柱根系は、根が複数に分かれており、それらの入れかえができる。水流を受けて地面の凹凸が変わると、補強のために、新しい根をそこに伸ばす。深い泥に適した支柱根を持つが故に、ライゾフォラ属の樹木がここに分布すると考えられる。

板根型のブルギエラ属の樹木は、砂成分の多い場所に分布する傾向があるとみられる。粒径の粗い基質が堆積するために、泥地よりも標高は高くなる。その板根は、限られた接地面積で樹体を支持するタイプの根系で、樹体を支えるためには比較的堅い地面が必要である。相対的に堅い砂地は、板根にとって都合がよいはずである。

新しい仮説として、この「根系分化説」を持ち出すと、二つの原生林で、帯状分布のパターンが統一的に解釈できるようになる。帯状分布とは、水流に曝されて生きるマングローブの生活、とくに根系の違いを反映する現象なのではないだろうか。

これは、ほぼ余談になるが、最近、地面の標高に関係して変化する環境要因が、もう一つあるのに気がついた。それは、土壌温度である。マングローブ林で土壌の温度を決める要因には、太陽光の入射と海水の浸入がある。林冠が閉鎖した状態なら前者は土壌温度には関係しない。一方、熱帯の海水は、比熱の関係から、土壌より相対的に高い温度を持っている。海水の滞水時間が長いほど、土壌の温度は上昇するはずである。これは、地面の標高が土壌温度に影響を与えることを意味している。

実際に、東タイの調査地で干潮時に表面の土壌温度を測ると、渚と内陸部で平均的に二・四℃の違いがあった。この差が、樹木や生物にどのような影響を与えるかは不明で、誰かに調べて欲しいと思っている。もし、これが帯状分布に関係すれば、ひとつにみえるマングローブ林が、実は、生物相と物質循環の過程が異なる生態系の複合であることを意味している。まだまだ解明すべきことが残っているようだ。

第4章 マングローブ原生林の地下に眠る怪物

1 根だらけ仮説

マングローブ林は、潮間帯で生きるために、現存量の配分を根に偏らせている可能性がある。柔らかい泥の上では、重心を下方に移さないと生きていけないからである。この特異なバランスは、マングローブ林に何をもたらすだろうか。

森林の研究者は、まず外から観察した姿で森林の特徴を抽出し、ついで定量的な測定を行って森林の構造と機能を分析する。それぞれの森林で、構造や機能の特徴を把握することは、いうまでもなく大切なことである。森林の姿には、熱帯雨林の混沌として巨大な姿もあれば、スギの人工林のこぢんまりと整った姿がある。マングローブ林は、大量の根が、上部にある植物体を懸命に支える姿をみせている。

マングローブ林の姿から、ある仮説が浮かんでくる。「陸上の熱帯雨林と比較して、マングローブ林の地上部の現存量は小さい。しかし、マングローブ林は、総現存量の面では陸上の熱帯雨林に匹敵する規模を持つ。すなわち、湿地に分布するマングローブ林は、根だらけの状態にある」。この「根だらけ仮説」を実証するには、森林の地上部と根の両方について現存量を求めなければならない。ハルマヘラ島でこれらを調べて、世界中にある既往のデータとともにこの仮説を検証してみよう。

前述のように、森林の現存量を求めるプロトコルは、まず、森林の構造を調べる作業から始まる。ソソボック調査地では、七カ所にプロットを分けて設置して、樹木の分布とサイズについて毎木調査を行った。前述のように、ソソボック調査地では、土地の堆積の履歴にしたがって、林分構造がそれぞれの場所で異なっている。このために、同じ植生帯の中にも複数のプロットをとった。

堆積履歴の違いで林分構造に違いが生じる例として、ライゾフォラ帯に設置したプロットP―3とP―4の樹冠投影図を示した（図4-1、位置は前図3-6）。樹冠投影図は、森林を鳥瞰して図化する手法である。樹木の個体の位置と樹冠の大きさを図面にして、林分構造を視覚的に把握できるようにしたものだ。作成作業はもちろん地上で行う。

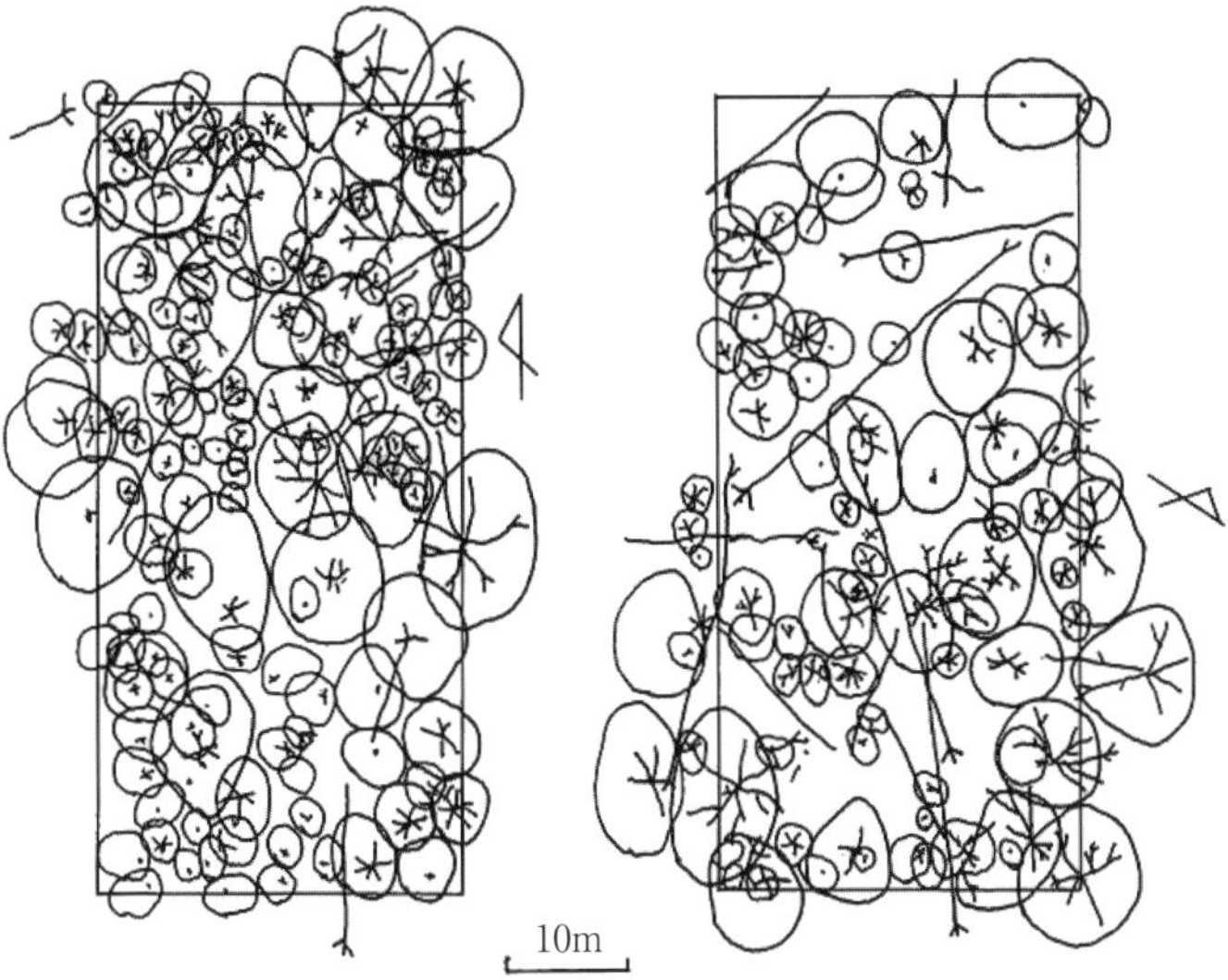

図4－1●樹冠投影図（著者原図）

ソソボック調査地のライゾフォラ帯に設けたP-3とP-4は、互いに50m離れた位置にある。相対的に老齢なP-4では、倒伏した樹木と林冠ギャップが多い。ソソボック調査地では、近接位置にあっても森林構造に相違が生じている。

これらのプロットは、互いに五〇メートルほどの水平距離にあるが、林分構造にかなりの違いがみられた。ともにサイズは、横三〇メートルで縦六〇メートルの大きさである。プロットP―3には、樹冠の小さな下層木が多数存在しており、それらが大木の樹冠下に集中して分布している。樹木の密度は相対的に高かった。一方、P―4には下層木が少なく、樹木の密度も低かった。ここには、多くの倒木が存在し、中には枯死幹の長さが二五メートルに達するものも含まれていた。これらの倒木の上には、林冠ギャップが開いてい

図4-2●マングローブの幹を総出で担ぐ（ソソボック調査地にて、守屋均氏と1986年撮影）

幹を1メートル間隔に玉切って、それぞれの重さをはかる。写真の幹は100 kgを超えている。

る。これらのことから、P―4は、P―3よりも老齢である可能性が高い。やはり、土地の堆積履歴の違いで、現在の林分構造に違いが生じたものと考えられる。

毎木調査に続いて、ソソボック調査地では、一九本の樹木について伐倒調査を行った（図4-2）。最大の伐倒木は、直径四七・〇センチメートルのライゾフォラ・アピキュラータで、マングローブの伐倒木として、この個体は記録上ほぼ最高の大きさとなろう。すべての伐倒木のデータを使って、相対成長関係を調べると、幹・枝・葉それぞれにきれいな式が成立した（図4-3、ライゾフォラ・アピキュラータの例）。これらの相対成長式から、ソソボック調査地の地上部現存量を求めることができるようになった。

2　相対成長式の分離に悩まされる

ハッサイカオ調査地に続いて、ここで二度目の伐倒調査を行ったのには理由がある。いわゆる御当地式は、他の森林に適用できないことが多いからである。通常、相対成長式には、場所による分離が発生しやすい。つまり、ハッサイカオ調査地で作った式は、ソソボック調査地にそのまま適用できない可能性がある。

念のため図4-3に、ハッサイカオ調査地で調べた相対成長式を書き入れてみると、枝重と葉重に関して、ハッサイカオ（破線）とソソボック（実線）で林分分離が生じていた。すなわち、枝重では、ハッサイカオの個体が、相対的に大きい。葉重では、ハッサイカオの個体は、樹木のサイズが大きいと相対的に大きく、小さなサイズではその逆となる。これらに林分分離が生じる理由には、森林内の樹木密度の違い、樹冠の厚みの違い、それらに関係する日射条件の違いなどが考えられる。

一方、同じ図4-3でも、幹重の相対成長関係には、林分分離が起こっていない。これには理由がある。横軸の独立変数に選んだ「幹直径の自乗に樹高をかけた値」は、幹が円柱形である時の容積にあたる。実際の幹の形は円錐形に近く、円錐の細りと木材の比重がほぼ同じであったので、相対成長式に林分分離が起こらないのだ。

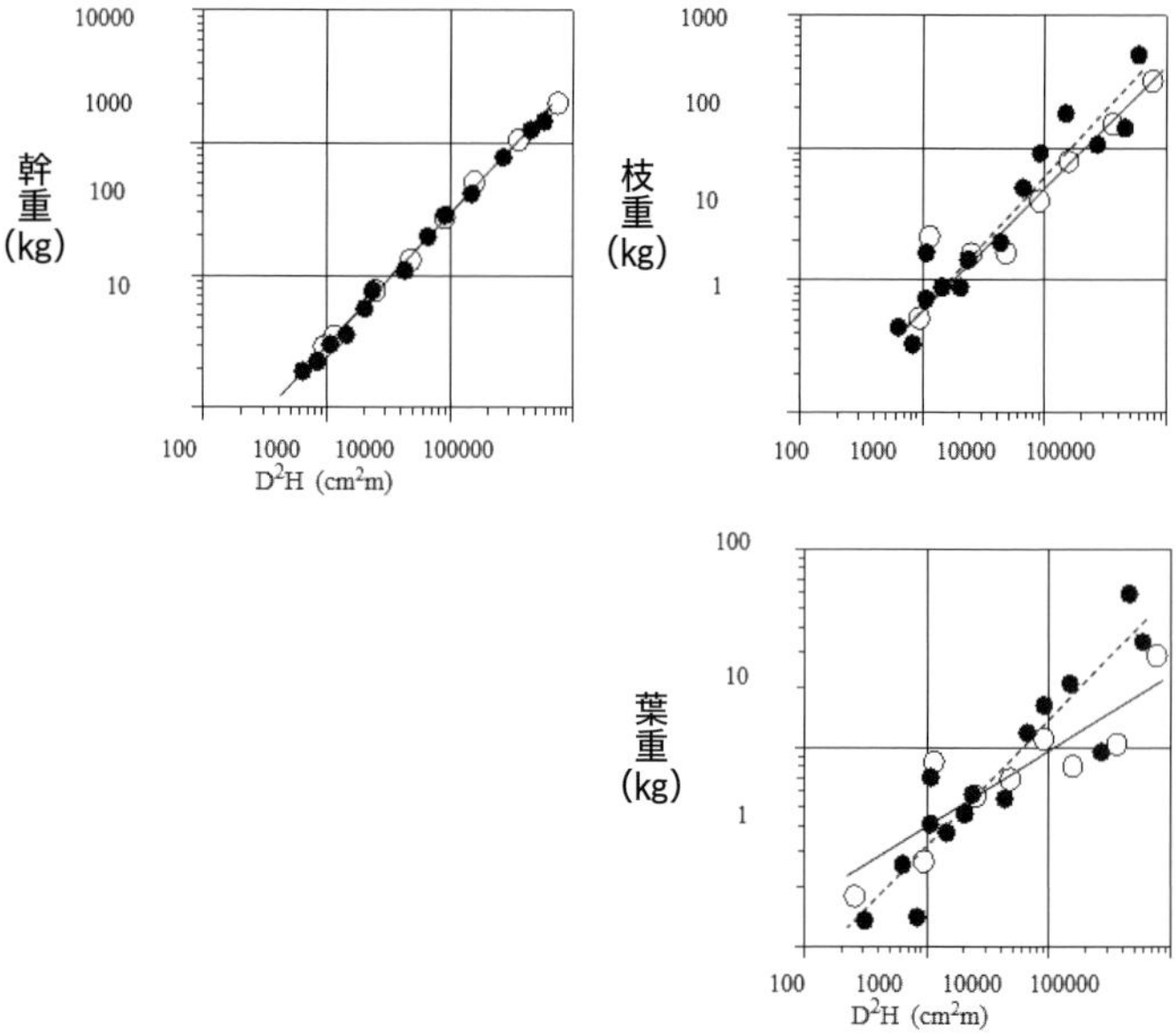

図4-3●ライゾフォラ・アピキュラータの器官別相対成長関係（著者原図）

横軸の独立変数は、直径の自乗と樹高の積をあらわす。：○と実線は東インドネシアのソソボック調査地、●と破線は南タイのハッサイカオ調査地。葉と枝では、相対成長関係に林分で分離する傾向がみられる。

これから考えて、相対成長関係の独立変数について工夫すれば、林分分離を消去することが可能になるはずだ。伐倒調査は、大きな労力のかかる作業である。この時、何とか分離しない相対成長式をマングローブで作ってやろうと決心した。この世界共通式の結末については次章で述べる。

余談ながら、伐倒調査の現場は、マングローブ林について見聞を広げる場である。葉に付くツムギアリ類に噛まれながら、葉むしり作業を行っていると、様々な出来事に遭遇する。たとえば、ライゾフォラ属樹木の幹の末端にある杭根の部分を手ノコで切断する時、必ずといってよいほど、幹の切り口から大量の海水がほとばしり出た。この部分には、フナクイムシの仲間が棲みついていて、木材を溶かしてストロー状の住処を作っている。そこを切断すると、中にたまった海水が一気にあふれ出るのであった。二枚貝がマングローブの樹体の中に棲んでいるとは思わなかった。このフナクイムシは、昔の木造船を蝕む大敵であったが、こんなところに生息地の原点があるのかも知れない。

思い出したのでこれも書いておく。ソソボック調査地の現場でこんなことが起きた。ある日（九月一二日）、仕事をしていると、奥で何かが倒れるすごい音がした。あわててそちらに行くと、大木が倒れていた。川岸が水流で削られて、重い樹体が支えられなくなったようだ。ふとみると、その大木は、デルマンの舟に覆いかぶさって倒れている。そして船上、枝から一メートルも離れていない位置に、彼と呪術者オミッティが、何事もなかったように平然として座っていた。この倒木にもう一本でも太い枝が付いていたら、彼らは死ぬところだった。その様子から、やはり彼らは只者でないと思った。

3 再び原生林で根を掘る

南タイに続いてもう一度、このソソボック調査地でも根を掘ることになった。滞在日数が限られることもあって、今回は、代表的な三樹種三本を選んで、それぞれ一メートル間隔で五メートルの距離まで、一本あたり六個のモノリス（直方体の土壌ブロック）を掘ることにした。モノリスの大きさは、南タイの調査と同じにした。モノリスを、樹木の根元から直線上に配置し、さらにそれらを一メートルの深さまで一〇個のソイルブロックに分割した。そして、例の根密度分布モデル（ボックス2）を使って、七カ所のプロット内で根の量を推定することにした。

南タイの調査から引き継いだ大切な検討事項として、細根に関しては、生死の判別をより厳格に行わねばならない。後に、コロイド溶液を使って細根の生死を比重から判別する方法も提案されたが、[1]残念ながら今回の調査には間に合わなかった。また、それが有効な手段かも不明なところがある。私たちも、組織の生理活性を判別する試薬を使って、生きた細根を分離しようと試みたが、思わしい効果は得られなかった。結局、ソソボックの調査では、調査者の視覚と触覚による判別基準を強化して、細根の生死を峻別する現実的な策をとった。

まず、ソイルブロックで根を掘りとった後、調査の現場では何も捨てずに内容物すべてを持ち帰り、室内環境で、じっくりと根を選別することにした。細根の色合い・新鮮度・充実度・柔らかさを基準にして、なるべくルーペを多用してその選別を行った。生死の判定に有効だったのは、カッターあるいは爪の先で細根をつぶして、個々の根の新鮮度を肉眼で確かめる方法であった。

生根は中身が詰まっていて柔らかさを持ち、典型的なものでは先端に白根が付いている。一方、死根は、手で触れた感触が堅くて中身が空洞のものもあり、多くのものは組織が褐変していた。今回は、少しでも死根と疑われるものは絶対に生根に入れない方針をとった。また、植物体が繊維状に分解したものと死根を、生根とは別にして、ソイルブロック別に秤量した。

この厳密で時間のかかる選別方法によると、ソソボック調査地の細根現存量は、他の森林と比較できる値となり、一般にいわれるマングローブ林の純生産量とも矛盾しない範囲に収まった。私たちが後に南タイのサトゥンや東タイのトラートで、他の研究者とともに現存量調査を行った時にも、この細根と根の選別方法を使った(2)。これ以降、本書で扱う根現存量もしくは細根現存量については、この方法にしたがった測定値のみを議論することにしよう。

この作業では、室内に研究者全員が集まって、長い時間をかけて一八〇個のブロックを処理した。野外での豪快な作業とは違い、これはこれで疲れる作業であった。私の日誌によると、この作業は九月六日から始めて、中断も入れて一五日に終了した。何日間も大勢が車座になって根を分けていると、窓からたくさんの村人がのぞき込んでいた。金でも探していると思ったのだろうか。実際、このハルマヘラ島には、旧日本軍の埋蔵金が、どこかに埋められているといううわさがあった。

4　マングローブの根の張り方

まず、個体の根の径級分布と空間分布を調べて、マングローブの根の張り方を把握しておこう（図4-4：縦軸は対数表示）。これは、根現存量の規模を議論する前に、データの正確さを吟味する上でも、必ず確かめておかねばならないことである。

この図には、ソソボック調査地にあるライゾフォラ・アピキュラータの直径三四・七センチメートルの個体について、一メートルの深さまで掘った六個のモノリスのデータを使った。また、根の径級は、森林総合研究所の苅住昇が使った方法(3)にしたがって、図の脚注に示すように、細根から特大根まで五つのカテゴリーに分けた。なお、死根等のデータも図に書き入れた。

まず、根の直径の径級分布から、一個体の根系がどんな太さの根で構成されているかがわかる。このアピキュラータの個体では、全体の傾向として、根密度あるいは現存量が、小さい径級の根で低く、大きい径級で高くなっていた（図4-4a）。これは、樹木が共通して示すパターンであり、太い根が分岐して順々に細い根につながっていく状態を反映している。細根の割合は、総根量の数%のオーダ

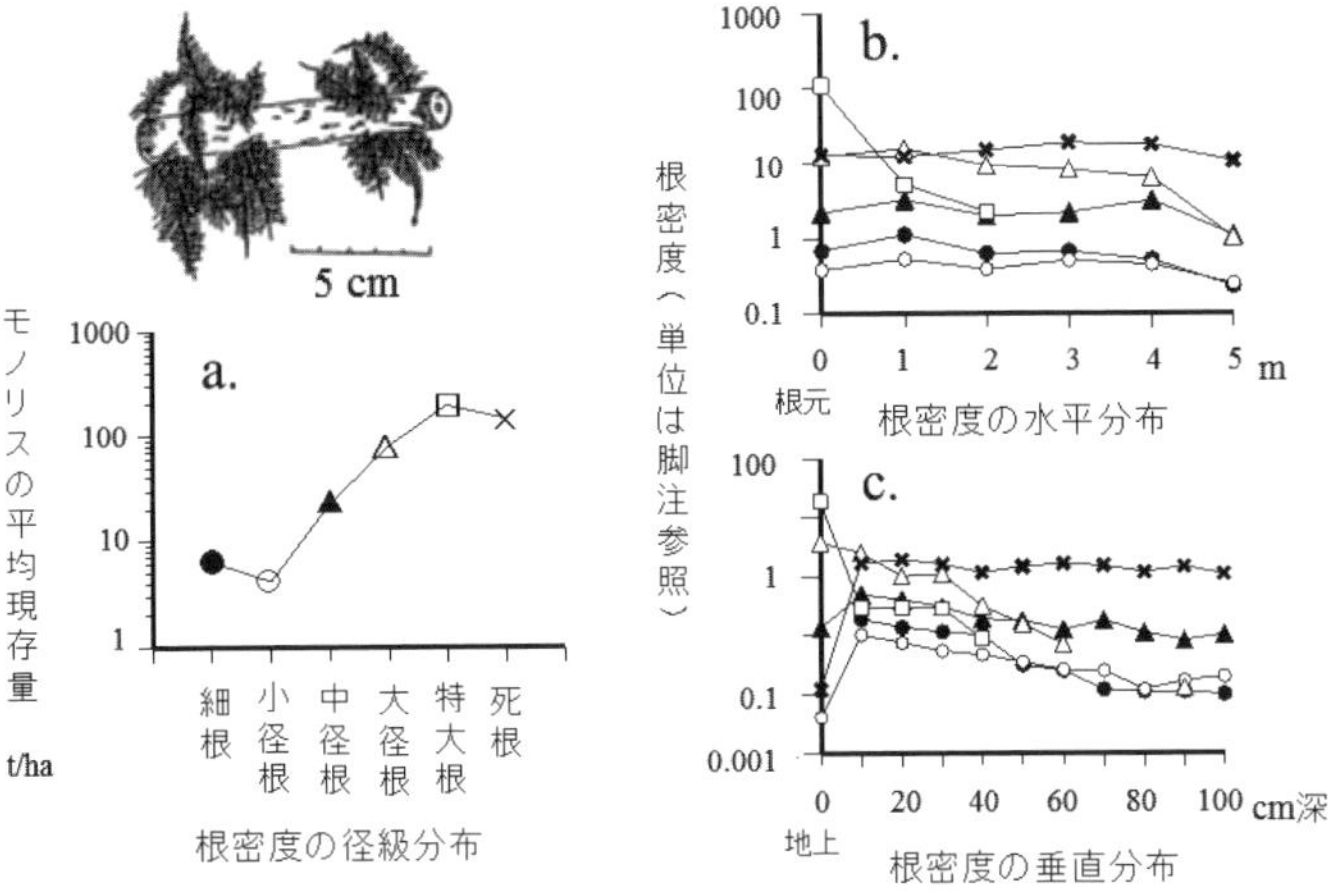

図4-4●モノリス法による根密度の分布（著者原図）

ソソボック調査地のライゾフォラ帯の結果を使い、図の縦軸はみやすいように対数表現にした。●細根（< 2 mm）、○小径根（2 - 5 mm）、▲（中径根 5 - 20 mm）、△（大径根 20 - 50 mm）、□特大根（>50 mm）、× 死根　a. 径級分布；6個のモノリスの平均値：単位 t/ha、b. 水平分布；各モノリスの根密度：単位 kg/m^3、c. 垂直分布；6個のモノリスを層別にまとめる：単位 $kg/m^2/0.1$ m。左上のスケッチは、細根が中径のケーブル根から枝分かれせずに出る様子を示す。

ーであった。マングローブ林に根が多いのは、中径根以上の重さによるものと考えられる。

一方で、マングローブならではの特徴を、この図から読み取ることもできる。それは、根系に小径根が少なく、細根と中径根の間で密度分布が不連続となることである。図の左上にあるスケッチで示すように、ライゾフォラの細根は、中径のケーブル根に直接的に付くという性質を持っている。径級分布の不連続は、このような細根の分岐様式に対応しているのだ。細根は、養水分の吸収を専門的に行う根であり、重要であるが脆弱な根である。土壌空隙の少ない泥の中では、大量の中径根で根系を拡張し、細根がそれらに直接付く形態をとるのがよいのであろう。なお、大量の死根等の有機物がモノリス内に存在することがわかる。

つぎに、同じ個体のデータから、根系の水平分布のパターンをみることにしよう（図4－4b）。最も太い径級である特大根は、根元から二メートル以上離れた場所には存在せず、根元から離れるとその密度は急激に低下していた。大径根も同様のパターンを示していた。樹体の支持を受け持つ太い根は、このように、幹のまわりに集中分布している。これは、樹木一般に通じる太根の分布パターンである。一方、中径根や細根は、根元から離れた位置まで、根の密度をあまり低下させずに分布していた。ライゾフォラ属樹木では、中径根が、支柱根をも含めて根系を水平に張り出す役目を受け持ち、これに付く細根が広い面積で養分を吸収する構造をとっていることがわかる。そして、死根等の有機物は、水平位置に関係なくどの場所にも高密度で分布していた。

今度は根系の垂直分布をみると（図4－4c）、特大根と大径根は、支柱根を含む地上部で高い密度を示している。これらの径級の根で地表から下に移ると根の密度が急低下しており、特大根は四〇センチメートルの深さまで、大径根は六〇センチメートルの深さまでしか分布していなかった。意外に浅い層の根だけで、このアピキュラータの個体は重い樹体を支えているのだ。これは単なる想像に過ぎないが、流動しやすい泥の基質が溜まっている場所では、深すぎる根を持つと、かえって樹体に安定性がなくなるのかも知れない。中径根も、深いところで密度が低下していた。細根は、四〇センチメートルの深さまで密度が高く、それ以深では密度が低くなった。これは養分が土壌の表層に集中するからであろう。これらに対して、死根等の有機物は、どの深さでも、一様に高い密度を示した。

図には載せなかったが、この時に調べたソネラティア・アルバ（直径二一・七センチートル）とブルギエラ・ジムノライザ（直径三八・六センチートル）の個体でも、支持機能を持つ特大根が根元と表層で高い密度を示していた。それ以下の径級では、ブルギエラ個体では二〇〜三〇ミリメートルの根、ソネラティア個体では一〇〜二〇ミリメートルの根が高い密度を示していた。どのマングローブも、太い根を樹木のまわりに配置して樹体を比較的浅い層で支え、中径のケーブル根を使って根を水平方向に広く張りめぐらせていることがわかった。また、地下には樹木の遺体が密に詰まっていた。これらの分布様式は、根を掘ったときの観察ともよく一致している。

5 マングローブ林の地下に眠る怪物

「根だらけ仮説」は成立するのだろうか。得られる限りのマングローブ林データ、および陸上の森林のデータを使って、根の現存量の違いを互いに比較した（図4-5）。この図の横軸は森林の総現存量を、縦軸は根の現存量を示している（数値は表5-1を参照）。

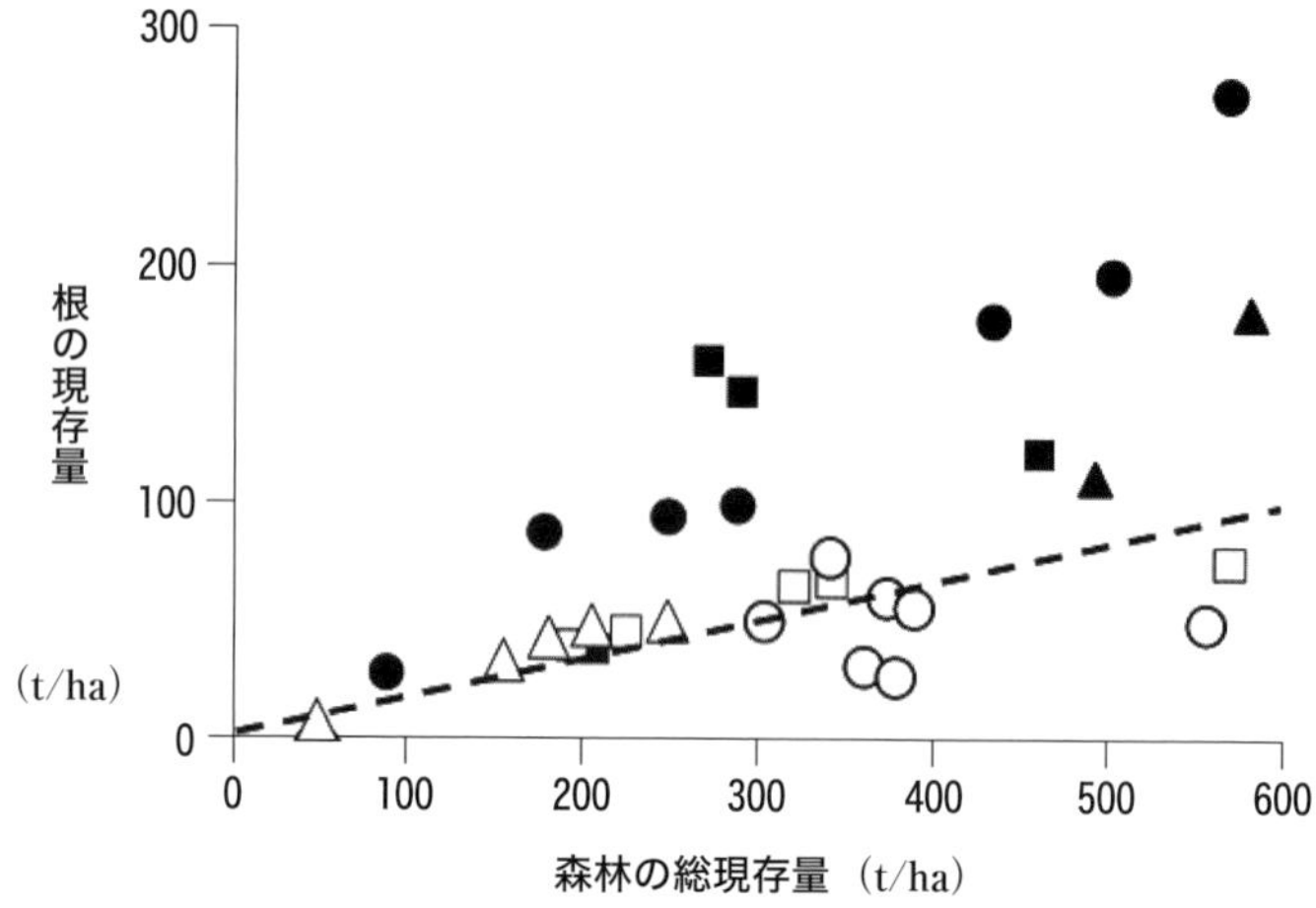

図4-5●森林の総現存量と根の現存量の関係（著者原図）
マングローブ林（Komiyama et al. 2008）；●ライゾフォラ帯、▲ブルギエラ帯、■その他（ソネラティア帯、アビシニアなど）。
陸上の森林（図中の破線は、陸上の森林についてT/R= 5.0の関係を示す）。○熱帯林（Stark & Sprat 1977；Klinge 1973；ogawa ら 1965；Hozumi ら 1969, Relchle 1981）、□日本のブナ林（Tateno & Takeda 2003, 2004；Ono ら 2013；Kawaguchi & Yoda 1989；Suchewaboripont ら 2015）、△温帯林（Ovington 1957；Shakova 1976；Baskerville 1966；山田・四手井 1968；Yamakura ら 1972；Karizumi 1974）

まず、マングローブ林の総現存量をみると、それが大きい側で、ソソボック調査地のブルギエラ林P―6が一ヘクタールあたり五八三・七トン、ライゾフォラ林P―4が五〇四・〇トンと高い値を示した。ハッサイカオ調査地のライゾフォラ帯も、五七一・四トンという同様に高い総現存量を示している（ここでは細根の現存量を含めず）。一方、陸上の森林では、象牙海岸の熱帯林が五五九トンという高い総現存量を示している[4]。岐阜県の冷温帯でも、ブナ原生林が、五三七トンという巨大な総現存量を示す場合もあった。[5]

このように、陸上にある成熟した森林と比較して、根を含めたマングローブ原生林の総現存量は決して小さくない。さらに大きな熱帯雨林も奥地にあるに違いないが、残念ながらデータがまだない。目下のところ、マングローブ原生林は、他の森林と比べて、大きな総現存量を持つといって構わないだろう。

一方、根の現存量では、マングローブ林に関して、ソソボック調査地のソネラティア帯P—1の三八・五トンが最小を示した。ここでは、地上に出る直立気根などの現存量は〇・一トンに過ぎない量であった。また、ライゾフォラ帯P—4の一九六・一トンが最大の根の現存量を示した。この根現存量には、地上の支柱根部分の四七・七トンが含まれている。ブルギエラ帯の根現存量はP—6で一八〇・四トンという最大値を示した。これにも板根と膝根の二九・三トンが含まれている。これらの根現存量だけでも、私たちの身の回りにある平均的な里山林の総現存量にも匹敵する値となる。いかに、マングローブ林が多くの根を持っているかがこれから想像できるだろう。

なお、ソソボック調査地で調べた細根の現存量は、七個のプロット内で四・二〜九・一トンの範囲にあって、平均的に根現存量の五%を占めていた。この細根現存量は、陸上の森林と比較してやや多い。

つぎに森林間で、総現存量と根現存量の関係を比較してみよう。同じ図4-5で、マングローブ林の点は、ほとんどの場合、陸上の森林の点よりも上側に位置している。すなわち、同じ総現存量の森林で比較すると、マングローブ林は、他よりも根現存量を多く持つという傾向が明らかである。

ただし、総現存量に占める根現存量の割合は、植生帯によって違いがあるようにみえる。ソソボック調査地とハッサイカオ調査地（小径根以上）ともに、根現存量の割合はライゾフォラ帯で高く、ソネラティア・アビシニア帯で低い傾向があった。また、ブルギエラ帯は両者の中間の割合を示していた。このうち、図のほぼ中央で、オーストラリアのアビシニア林[6]だけは、非常に高い根現存量の割合を示したが、その理由はわからない。帯状分布の「根系分化説」に関係して、ソネラティア・アビシニア帯における直立気根の量は、他の植生帯の地上根量と比較してわずかであった。このことからも、水流に対して直立気根が大きな抵抗を持たないことが推察される。

なお、最近、オーストラリアの研究者が、私たちが調べたこの傾向に異議を唱えている。彼は、マングローブ林の地上部現存量と地下部現存量の比率は陸上の森林とほぼ同じで、マングローブ林の地下部だけが発達しているのではないとしている。この研究者と私たちの測定結果の間には、地上にあるマングローブの根をどちらの現存量に加えるかという定義上の違いが存在する。私たちは、地上に出る支柱根や板根もれっきとした根であるから、それらの現存量を根の部分に入れてこの計算を行っている。もしこれらを、地上部に入れれば、彼のいうような結果になることもあるだろう。マングローブの地上根はあきらかに器官として根であるので、根だらけ仮説に異議はでないはずである。

以上のことから、「根だらけ仮説」は、現有の森林データから支持されたとみてよい。マングローブ林では、根に大量の現存量が配分されている。陸上の森林にないこの特徴があればこそ、冠水と強い水流に悩まされるマングローブ林は潮間帯で生きられるのだ。また、地上の見かけは小さくとも、根を入れると、その現存量は陸上の熱帯雨林にも比肩することがわかった。この特徴が、マングローブ林に生命のあふれる状態を作り出しているともいえる。

これらの根掘りでもう一つ判明した事実は、マングローブ林の地下に、未分解の有機物が厚く蓄積していることである。普通の森林では、樹木の遺体は土壌動物や微生物の働きにより分解されて、その炭素分が二酸化炭素として大気に帰される。ところが、冠水するマングローブ林では、土壌が嫌気的になり有機物が簡単には分解されないのである。陸地とは違って有力な分解者が少ないのかもしれない。その結果、マングローブ林の土壌に炭素分が蓄積していき、場所によっては大量の有機物が溜まって泥炭ができる。

この特徴に、私たちは注意を払う必要がある。人間が開発により、マングローブの土壌を好気的な状態に変えると、眠っていた炭素が一気に大気中に放出される。マングローブ林の地下には、こんな怪物が眠っているのだ[7]。

6 ハルマヘラ島を去る

あせり気味に調査を行った結果、二ヶ月後の九月中旬には、ソソボックの調査を無事に終了できる気配がみえてきた。いくぶん気持ちに余裕ができたので日曜日は休暇として、カウ村の沖合にある太平洋戦争時の沈船をみにいくことにした。私の知る限り三隻の輸送船が、当時、この付近に擱座していた。噂によると、海の底には飛行機の残骸もあるらしい。そのうちの一隻に上がり込むと、穴だらけのデッキはかろうじて歩ける状態にあった（前図3-4）。ところどころに突き出ている換気口は機銃弾の穴だらけである。沈船の側面には穴が開いており、船艙をデッキから覗くと、大きな魚が悠々と泳いでいた。

この船は、他の戦線で激しい戦闘にあい、カウ湾に逃げ込んで、やむを得ず擱座したものである。カウ村には、今でも片言の日本語を話せる住人がいた。八月の終戦記念日の頃だったろうか、突然、流暢な日本語が耳に飛び込んできて、慰霊に訪れた数人の日本人に会ったこともある。二度と起こしてはいけない悲惨な戦争について、改めて考えさせられる場所であった。

カウ村を去るにあたって、調査の後始末をきちんとしておかねばならない。ここに再び来られるかどうかもわからないのだから。まず、数値データ等に取り忘れがないか入念にチェックする。そして、調査地に出現した植物をアルコール標本にして、一組はボゴールの植物標本館に入れ、もう一組は日本に持ち帰ることにした。この時、標本用アルコールの代用品を雑貨屋で大量に購入したために、スピリトスという酒がカウ村から消えてしまった。

また、重量測定用の乾燥標本も、種類毎に幹・枝・葉・根の別にとったので、大量にたまってしまった。とりあえず風乾重量を測定したうえで、それらすべてを日本まで持ち帰った。ほかに、調査中やりたくてもできなかった写真撮影とスケッチを行った。

隊長の指令で、不要になった調査用品は、なるべく、アンボンまで持ち帰ることにした。その分配でワーカーや村自体が混乱することを恐れたためである。さすがに、泥まみれのビニール袋などは、置いていかざるを得なかった。ところが、これらも貴重品らしく、デルマンがせっせと集めて自分の家に持ち帰ってしまった。

カウ村からの撤退は九月二九日と決まった。手順は、来た時のルートを逆にたどって、テルナテに行く。このために頼りにするベノニ氏にあらかじめテルナテまで行ってもらい、私たちの撤退ルートを確保する。ベノニ氏とは、ボバニゴで再会することになる。

出発の前日、昼からにわか雨が降った。船上で大雨が降ると標本などが濡れてしまい大変なことになる。明日の天気を気にしながらも、この日はお別れ会として、デルマンたちがカンビン・パーティを開いてくれた。ヤギ（カンビン）を一頭つぶして振る舞われ、互いに別れを惜しんだ。

翌朝の二時、心配していた雨も降っていない。荷物を舟に積み込んで、未明のうちに、一行はボバニゴに向かった。そして、往路を逆にたどって、その日のうちに、なんとか無事にテルナテに着いた。そして、ジャカルタで調査報告や精算を済ませた後、全員帰国することができた。

ハルマヘラの調査行は、自分の一生で最も興奮と充実感に満ちた出来事だった。苦しいこともあったが、僻遠の地で送った日々、二度と会えない現地の人たちとの交流、それらすべてが昨日のことのように思い出される（ボックス3）。

たぶん今では、もっと簡単にハルマヘラ島まで行けるに違いない。また、野外調査でも、軽量で精度の高い測定機器が多くなった。けれども、不便さこそが、私たちの探究心を刺激する原動力になったことも事実であろう。皮肉なことに、便利さと引き換えに、現代社会に生きる私たちは何かを失ったのかも知れない。

box

ボックス3 地の果て（小見山章、『岐大のいぶき』（二〇〇六年）から）

地球は丸いから、いろんな場所に地の果てがある。人は、一生に一度、自分だけの地の果てを踏む。日本を出て十日あまり、マレー諸島にたどり着き、生物進化の碩学ウォレスの足跡を踏む。火山島のテルナテを船出して、やっと上陸したのが、ハルマヘラ島だ。マングローブに覆われた緑の海岸線を眺め、誰もいないカウ湾を北上する。イルカたちに先導されながら、座礁した船が横たわる海を抜けると、突然、砂浜の合間にカウ村が現れる。何もないこの小さな村に逗留して、マングローブ林を調べた。ハイビスカスが咲く小さな砂丘を土手にして、その奥に鬱蒼とした密林が続く。

地面には、褐色の大蛇の群れのように、ヒルギの異形の根がうねっている。その上に座り、疲れてじっとしていると、足もとで赤色、黄色鮮やかな蟹が鋏を振りまわし、不思議なしぐさで舞踊する。立ち上がると、蟹は瞬時に巣穴に隠れる。海水に浸かった土の中では、巣穴が交錯し、穴ジャコやゴカイの類、貝から眼の退化した魚まで棲んでいる。マングローブ林の下には海の世界が入り込んでいるのだ。

ふと、木の下闇から天を仰ぐと、熱帯の強烈な太陽が、幾重にも重なる緑の樹冠にふりそそぎ、木の間に蝶がひらひらと舞っている。風をはらむ緑のかなたには、澄んだ空に海鳥が群れ飛んでいる。昼間の森は生命に満ち、数知れぬ生き物たちが謳歌する音や色彩にあふれている。ここには、せめぎ合い支え合う生物に無限の連鎖が存在し、それと引き替えに大地に美しい調和が生まれている。

夕方になると、雷鳴がとどろき始める。青白い稲妻が向こうの森に走り、だんだんこちらへ近づいてくると、うす暗くなった周囲に鬼気がせまる。そろそろ、夜の生き物たちが動きはじめる頃だ。文明を持ち自然から離脱した人間は、ひとり森の中でなんと孤独かつ無力なことか。落ち着かない気持ちを味わう。ようやく、船頭のデルマンが、父親の呪術師と一緒に迎えにきてくれ帰途につく。

二ヶ月もこんな世界に埋もれていると、頭の中に緑と泥が染みこんで、繁華な街にいたことが遠い昔のことのように思えてしまう。二十年も前に訪れたハルマヘラは、地の果てとして、今もそのままの姿で私の中で生き続けている。

第5章……そしてマングローブ林は二次林と化した

1 変貌するマングローブ林

時代の潮流は速くて強い。人口の増加とあわせて一九六〇年代以来の経済活動が加速し、東南アジアの諸国は、木材や農産物など一次産品の増産に励むようになった。このような熱帯社会の変化は、森林に多大な影響を与えた。その結果、原生林の時代は終焉を迎え、伐採後の森林は小型となり、多くの場所が一斉に二次林と化していった。

この二次林化の過程の中で、森林に携わる林業者、行政監督者、そして学術研究者は、今後、二次林がどのように推移するのか、二次林の機能面とその持続性について、予測することを迫られた。二次林の学理と技術を構築すべき時代に突入したのである。私たちも、原生林の研究成果を基盤にしながらも、すでに普遍的な存在となった二次林に、否応なく研究のターゲットをシフトさせていくことになる。

かつて瘴癘の地であったマングローブ林にも、この半世紀の間に産業開発の手が伸びていった。(1) その結果、大型のマングローブ林は、わずかな期間で、東南アジアの大陸部から姿を消してしまった。今、マングローブの原生林が残っているのは、よほど辺鄙な島嶼部か、国立公園などで厳重な保護がとられている場所ぐらいであろう。木材マーケットや産業的利用がある場所で、原生林はまず生き残れない。

私たちが例の南タイで行ったハッサイカオのマングローブ研究は、あるいは、東南アジア大陸部の原生林を調べる最後の機会であったかもしれない。前述のように、そこには森の原型があった。あらためて、この森を失ったことに大きな悲しみを感じる。

この調査地を訪れるたびに、舟の上から、ハッサイカオの全貌を撮影するのが習慣になっていた。この時の五枚の写真（図5-1）が、二次林化していくハッサイカオ調査地の姿をよく映している。最初の一九八二年の写真は、はじめてここを訪れたときに撮ったものである。樹高が四〇メートルもあるマングローブ原生林の姿がみえ、巨大な樹木が帯状分布を示しながら鬱蒼と茂る様子が写っている。

図5-1● 1982～2014年におけるハッサイカオ調査地の変貌（ハッサイカオにて、著者撮影）
1982年：樹高が40メートルを超す大木が密生する原生林であった（図2-3）。1983年：突然、伐採が入り、とくに沿岸部の森林が伐られた。1990年：年を追って伐採が進み、マングローブの巨木が最奥部に並ぶだけになった。2005年：ほとんどの場所が二次林化してしまった。2014年：二次林が成長して樹木が結構大きくなった。まだ、原生林時代の生残木が最奥部に何本か残っている。

怖いような大森林の中で、根を掘ったことを思い出す。

翌年の一九八三年になると、調査地付近でチェーンソーの音が聞こえ始め、巨木の一部がいつのまにか姿を消した。伐採の影響は大きく、たった一年間で森林の姿が変わってしまい、原生林の前線が陸側に後退した。一九九〇年になると、伐採が内陸方向にさらに入って、まるで恐竜の背骨のように、原生林の巨木が並ぶ状態になった。

二〇〇五年になると、どこが調査地かわからないほど、森林の景観が一変してしまった。その一因として、次節で述べるスマトラ島沖地震の影響もあった。白い砂が方々に溜まり、調査地の内陸側は小木が密生する二次林に変貌していた。

そして、二〇一四年になると、更新した樹木が活発な成長を始め、二次林は二〇メートルの高さに育っていた。内陸部に巨木がぽつんと残ることさえが、私にはかえって悲しい光景に映る。

ハッサイカオのマングローブ林は、森林保護のために、実は、数十年前から帳簿の上では伐採対象から外されていた。しかし、ここでも掟破りの伐採を止めることはできなかった。一旦、林冠に隙間ができると、残った樹木が強風や乾燥の影響で順々に枯死していった。

このような二次林化は、東南アジア全域でほぼ共通に生じたプロセスである。一世紀前には、熱帯の海岸線の多くが、マングローブの原生林で覆われていたに違いない。ところが、機械類を装備した近代産業が、マングローブ林に入って事態は一変した。町の近くでマングローブ林がまず伐採され、次第に伐採の前線が町から離れていき、ついには両側の町から来る前線どうしが無残にもつながってしまった。

これが、原生林消滅の瞬間である。この状況を、当時の関係者はどのように考えていたのだろう。マングローブの苦境が、実に、この瞬間から始まったというのに。

図5-2●マングローブ林の伐採人（ビパック・ジンタナ氏 1983 年撮影）

2 巨大災害とマングローブ

近年、マングローブ林が受けた大攪乱の例として、スマトラ島沖地震のことを報告しておこう。このマグニチュード九・一の巨大地震は、二〇〇四年一二月二六日の朝にインドネシア・スマトラ島北部沖で発生した。この地震による津波は、各国に甚大な被害と悲劇をもたらした。

ハッサイカオを含む南タイにも、地震発生後二時間で最初の津波が襲来し、最終的には、タイ王国全体で五千人を超す死者を出す痛ましい災害となった。海洋沿岸資源局によると、南タイのパンガ県とプケット県とラノン県が大きな被害に遭った。当時の写真をみせてもらうと、海岸から侵入した津波は内陸側にある町にまで入り込み、すべてを飲み込んでしまっている。

この津波の影響で、南タイにある珊瑚礁の一〇%が何らかの被害を受け、海藻類の被害が七〇%の面積で出た。損傷を受けたマングローブ林の面積は三〇四ヘクタールで、そのほとんどがパンガ県に集中していた。友人が撮った写真をみると、アビシニアやソネラティア属の樹木が覆う海岸付近の植生帯は、壊滅状態になった場所が多いようにみえる。しかし、その奥にあるライゾフォラ帯には、同様に津波が入ったにもかかわらず、多くの樹木が残っていた。このことから、タイ王国の政府は、マングローブ林が津波の被害を軽減した可能性があるとして、植林を含めてマングローブ林を増やす計画を立てた。

津波の爪痕は地面にも残った。マングローブ本来の土壌が流され、いれかわりに、多くの場所が砂で覆われてしまった。大被害にあった場所では、一〇センチメートル以上の厚さで砂が堆積している。マングローブは砂地に弱いので、これでは森林が更新できなくなる。また、海岸部には、植生や船体そして構造物の残骸がうずたかく積もり、これを取り除かないと物理的に植林が不可能な状態になった。これらのことは、マングローブ林を増やす上で大きな障害になるだろう。

この津波を契機にして、地元の住民は、以前とは違うレベルでマングローブ林のことを意識し始めたという。帯状分布が残るようなマングローブ林は、防災や減災の効果を持つ可能性があるからである。公益性の面で、マングローブ林が見直されることは、これからの社会にとって大事なことだと思う。

3 七五%の現存量が消えた!

原生林が二次林化した時点で、現存量の面で、マングローブ林がどれほど減ったかを試算してみよう(表5-1)。

世界各地二八カ所のマングローブ林で比較すると、いずれの植生帯でも、原生林の地上部現存量は、予想通り、二次林よりも大きな値を示す傾向がある。ライゾフォラ帯とブルギエラ帯の森林をみると、東インドネシアのソソボック調査地の地上部現存量がいちばん大きく、ついで南タイのハッサイカオ調査地の順であった。私たちが調べた地域にこそ、地球上で最大規模のマングローブ林が存在していたのだ。地域間で比較すると、東南アジアのマングローブ林が、南北アメリカやオーストラリアにある森林よりも大きいという傾向がみられる。

原生林と二次林で地上部現存量を比較すると、熱帯のライゾフォラとブルギエラ原生林では、ヘクタールあたり一二〇トンから四〇〇トンもの地上部現存量がある。それに対して、二次林や人工林では、場所によっても異なるが、地上部現存量が二〇〇トンを超えるものは少ない。とくに小型の二次林が、表の一九例中一四例でみられ、それらは地上部現存量が一〇〇トン以下であった。なかには、五〇トン前後の小さな二次林も存在する。

また、大きな規模に達した二次林もみられる。オーストラリアのアビシニア林では、地上部現存量がヘクタールあたり三四一トンにものぼる。この急成長樹種は、良好な立地があれば旺盛に成長するのだろう。また、マレーシアのライゾフォラ人工林が、八〇年間で二七〇トンに成長した例もみられる。適正な管理を行えば、人工林も大きく成長するようだ。

様々なケースが存在するが、平均的にみて、個々のマングローブ二次林の地上部現存量は、原生林

表5-1●地域別、タイプ別にみたマングローブ林の現存量

森林の所在地（森林タイプ別）	人間関与の状態等	地上部現存量	根現存量	総現存量（地上部+根）	文献
（ライゾフォラ林）					
インドネシア	原生林	307.9	196.1	504.0	ソソボック調査地（P-4）
タイ	原生林	298.5	*272.9	571.4	ハッサイカオ調査地
パナマ	原生林	279.2	**306.2	**585.4	Golley ら（1975）
マレーシア	人工林	270.0			Putz ら（1986）> 80 年生
ケニア	原生林	249.0			Slim ら（1996）
インド	原生林	214.0			Mall ら（1991）
マレーシア	人工林	211.8			Ong ら（1982）28 年生
タイ	二次林	159.0			Christensen（1978）
日本	原生林	108.1			Suzuki ら（1983）
スリランカ	二次林	71.0			Amarasinghe ら（1992）
プエルトリコ	二次林	62.9	**64.4	**127.3	Golley ら（1962）
アメリカ	二次林	56.0			Ross ら（2001）
インドネシア	二次林	40.7			Kusmana ら（1992）
アメリカ	二次林	12.5			Molina ら（2004）
アメリカ	二次林	7.9			Lugo ら（1974）
（ブルギエラ林）					
インドネシア	原生林	403.3	180.4	583.7	ソソボック調査地（P-6）
タイ	原生林	169.1			ハッサイカオ調査地
インドネシア	二次林	279.0			Kusmana ら（1992）
インドネシア	二次林	178.8			Kusmana ら（1992）
インド	原生林	124.0			Mall ら（1992）
日本	原生林	97.6			Suzuki ら（1983）
インドネシア	二次林	89.7			Kusmana ら（1992）
インドネシア	二次林	76.0			Kusmana ら（1992）
インドネシア	二次林	42.9			Kusmana ら（1992）
（ソネラティアおよびアビシニア林）					
オーストラリア	二次林	341.0	121.0	462.0	Mackey（1993）
ギアナ	原生林	315.0			Fromad ら（1998）
タイ	原生林	174.7			ハッサイカオ調査地
インドネシア	原生林	169.6	38.5	208.1	ソソボック調査地（P-1）
オーストラリア	原生林	144.5	147.3	291.8	Briggs（1977）
オーストラリア	原生林	112.3	160.3	272.6	Briggs（1977）
（その他の樹種構成の森林）					
タイ	二次林	142.2	50.3	192.5	東タイ・トラート調査地
タイ	セリオプス	92.2	87.5	179.7	南タイ・サトゥン調査地
スリランカ	二次林	85.0			Amarasinghe ら（1992）
ギアナ	ラグンキュラリア	71.8			Fromard ら（1998）
タイ	二次林	62.2	28.0	90.2	Poungparn（2003）
ケニア	セリオプス	40.1			Slim ら（1996）

* ハッサイカオ調査地では小径根以上の根量を表示（本文参照）
**Golley らが測定した、地下に堆積するルートマットの現存量
注）単位：t/ha　地上の呼吸根は根の現存量に含まれている（著者関係）
文献は Komiyama ら（2008）の総説（第 6 章の文献 21）を参照して欲しい

時代の五〇パーセント以下に減っていた。冒頭で述べたように、世界中でマングローブ林の面積は、この数十年で半分程度に減少している。面積減少と現存量低下の両面から考えると、マングローブ林は、原生林時代の七五％以上を現存量ベースで失ったことになる。これは大変なことだ。マングローブ林の二次林化は、生物界に悪影響を与えるとともに、熱帯域の環境にも大きな変化をもたらしたに違いない。

4 深刻だった三大産業の影響

この半世紀に、東南アジアのマングローブ林に猛威を振るった三大産業として、炭焼き産業・エビ養殖業・スズ鉱業が挙げられる。これらは、森林に深い爪痕を残した。まず、タイ王国の研究現場から、その概容をお伝えしよう。

タイ王国では、ほぼすべてのマングローブ林が国有林で、二〇〇二年までは森林局がそれらを管理していた。それ以降は、海洋沿岸資源局の管轄となった。なお、マングローブ林が劣化したために、現在では、マングローブ林の伐採は原則禁じられている。

ここに至るまでには様々な経緯があった。過去にマングローブ林を炭焼きに利用していた時、森林局は「コンセッション制度」をとっていた。昔、炭焼きは、花形の一次産業として国の経済を潤していた。炊事等に用いる炭は大きな需要があった。マングローブから密度の高い炭が作れるので、一部は日本や香港など外国にも輸出されて外貨を稼いでいた。タイ王国では、総計三〇万ヘクタールあまりのマングローブ林が炭焼きに使われた。なお、炭焼き産業と後述のエビ養殖産業は、ミャンマー人などを安い労賃で雇うことで維持されていた。

このコンセッション制度では、ある区画の伐採権が、入札により森林局から業者に売り払われる。業者は、契約した場所でしか伐採が許されない。伐採権を落札した業者は、四〇メートル間隔で、海側から内陸に向かって、マングローブ林を帯状に伐採し、隣の四〇メートル幅の帯は、一五年間そのまま放置して森林再生の場に残しておかねばならない。これを、一五年サイクルの帯状交互伐採方式という。このほか、森林再生への配慮から、伐採後に苗木を二メートル間隔で植える義務も課せられていた。

後に詳しく分析するが、タイ王国におけるこのコンセッション制度はうまくいかなかった。多くの場所で、森林の更新がうまくいかず、苗木が枯れてしまい樹木の密度が低くなってしまった。苗木をビニール製のポットごと、そのまま植えた場合すらみられた。そんな場所では、植栽された苗木の活着率がとくに悪い。これらの結果、いつの間にか、交互伐採されたはずの帯が不明瞭になり、最後には、どこが伐採帯でどこか保残帯かもわからなくなってしまった。

図5‐3●伐採跡地の荒廃（ラノンにて、1983年撮影）
土地に日があたり乾燥状態になると、シャコ山が多数できてマングローブの更新が困難になる。

そして、荒廃した伐採跡地には、二メートルもの高さがあるアナジャコ（*Thalassina anomala*）の塚が多数できた。この円錐形の塚ができると、水面と土地の関係が乱れて、苗木の生存はさらに難しくなる。塚の上にはマングローブ以外の植物が侵入し、結局、塚だらけの土漠のような光景となった場所ができた（図5‐3）。これは、林学を学んだ研究者にとって悲しい光景であった。

つぎに現れたのが、エビの養殖業である。三〇年ほど前から、ブラックタイガーのエビ養殖池が、海岸地帯で大ブレークした（図5‐4）。この産業は、タイ経済を支える産業の上位一〇位以内に入っている。ピーク時には、池が七万ヘクタール以上の面積に達し、その外貨収益も年間二〇億ドルに達したらしい。

図5-4●南タイに広がるエビ養殖池群（スラタニ付近にて、1998年頃撮影）
下に見えるのは水田ではない。飛行機から見ると、海岸線のほとんどがエビの養殖池で埋まっている。

この産業はマングローブ林を単なる場所として使うに過ぎず、炭焼き産業が樹木そのものを対象にするのとは異なっている。

タイ王国には、マングローブ林の内陸側に養殖池を造成するという法律があったが、それは必ずしも守られなかった。エビの養殖池を造成する場合は、森林の一部が伐採されて周囲に土手が築かれる。この結果、マングローブ土壌が破壊される。エビの大敵は、水中で繁殖する病原菌なので、池の造成前に泥を洗い流して池の中を砂ばかりの場所にする。また、土手により水流が遮断され、飼料にペレットを撒くことで水の富栄養化などが起こる。場合によっては、殺菌剤をまくこともある。

これらの影響で、マングローブ地帯の土壌と水質が完全に変わってしまった。おまけに、養殖池の寿命は比較的短い。水流で土手が壊れ、雑菌の繁殖でエビが飼えなくなると、その池は放棄される。そのあとには、まことに荒涼とした光景が広がった。

さらに、マングローブ林にスズ鉱業の圧力がのしかかった。マレー半島の南部では、スズの鉱脈がマングローブ地帯と重なっている。スズ鉱の採掘は、森や水路に堆積した土砂を掘り起こして行われる。その収入は国の経済に大きな恩恵をもたらし、ピーク時にはゴールドならぬスズ・ラッシュが起こり、タイ国には三千ものスズの鉱区が設けられ、外貨獲得の第二位を占めたこともあるそうだ。

一九八〇年代、ハッサイカオの近くには、マングローブ地帯に二隻のプラント船が浮かんでいた（図5-5）。数十メートルの長さのプラント船が、鉱脈を追って移動する。地下一〇メートル以上の深さまで掘りとった土を、船の前方から取り入れて、船内で選鉱した後に船の後尾からその残滓を捨てる。一連の作業が済むと、次の場所に移動する。

プラント船が通過した後のマングローブ林は、土壌が深く掘られて無惨な状態となる。また、採掘場から泥水が流れて付近の水の濁度が上昇する。ときには、微細な泥が沈殿する底なし沼もできる。一度、私たちも、スズ鉱跡の調査地で危ない目にあった。泥の中でもがけばもがくほど足が沈んでしまい、ほとんど体力が尽きかけた時、なんとか枝や木切れを手がかりにしてかろうじて脱出することができた。

このように、スズ鉱業は土壌を完全に破壊するため、マングローブ林に最悪の影響を与えたかも知

図5-5●スズ鉱石を採掘するプラント船（ラノンにて、1983年撮影）
このプラント舟は、マングローブ地帯を移動することができる。スズの鉱石をで露天掘りして、前部（手前）からプラントの内部に入れて選鉱したのちに、後部から鉱石の残滓を捨てる。これが通った後は無惨な状態となる。

れない。土壌がなくなると、マングローブは根づくこともできない。そこの一部は、人間も立ち入れない危険な場所となってしまった。現在では、価格が暴落したためにスズ鉱の採掘はほとんど行われていない。しかし、マングローブ地帯から内陸にかけて、その爪痕は今も深く残っている（図7-1参照）。

以上のように、炭焼き産業・エビの養殖業・スズ鉱業の三大産業が、とくにこの半世紀、タイ王国のマングローブ林に深刻な打撃を与えた。他の国でも程度の違いこそあれ、同じプロセスが起こったものと考えられる。これらの産業の圧力が原因となって、東南アジアのマングローブ林は、ほとんど全域が二次林化してしまった。

これまで述べたように、二次林化は森林の小型化と分断化をもたらし、時には、樹木が更新できない荒廃地も作ってしまう。変化したのは樹木だけではない。最近、木登りトカゲは滅多にみられなくなった。釣りをしても、以前ほどは魚が釣れない。これは、私の腕が悪いためだけではなく、生物相自体が変化してしまったためだろう。また、土壌の粒径組成が変化して、カニ・シャコ・貝類などのベントスの生活を脅かしている。海水の濁度が上昇するなど水質も変えてしまった。どうやら、無謀な二次林化が、元の原生林の生態系を根底から覆してしまったようだ。

5 森林管理のシステム

三大産業によって大打撃を受けたマングローブ林を、昔の姿に戻そうとする気運が高まってきた。この時に、人間が注意すべき点はどこにあるのだろう。森林管理のシステムは、大元の理念とそれに従う計画、そして現場で実行される技術のもとに成立する。正しい理念に基づいて計画と技術が用いられると、人間社会は自然から応分の利益を得る。理念が正しくとも、計画か技術かのどちらかが適切でないと、自然が損なわれてしまい、結局、人間社会は大きな損失を被る。

森林管理の理念は、持続性に基本が置かれている。樹木の収穫を繰り返しても森林を損ねないという考え方は、ドイツの林学者アルフレート・メーラーにより一九二二年に書かれた「恒続林思想」に源を発する。森林を成長量分だけ伐採していけば、全体の蓄積を変えずに木材が収穫できる。あるいは、森林を等面積に区画して、それぞれの区画が規則的な成長（法正成長という）を繰り返すとき、最も老齢な区画だけを伐採していれば、毎年同じだけの木材が収穫できる。これが、一般に信じられている持続性の理論である。

けれども、メーラーの思想は、もっと深いところにあった。愛媛大学の山畑一善が訳す『恒続林思想』には、「（森林という）有機体は、あらゆる部分が完全に健康である場合にのみ、その（木材）生産機能を力強く実現する……、（原生林至上主義として）「自然に帰れ」ではなく、（動物までを含める）自然法則を理解し（人工植栽の手法も否定せずに）それを最良の木材生産に結びつける」、という件がある。(2)

この文に表れているように、恒続林思想には「生態系」と同じ概念が含まれているようだ。樹木のように、長寿命で大きな体に成長する生物は、人工的な環境条件のもとで育てることができない。メーラーは、自然下にある生物相互の結びつきを利用してこそ、樹木の良好な成長が得られるのだと説いている。つまり、恒続林思想は、林業にとって樹木以外の生態系要素が大事だと主張しているのだ。

泥と海の要素が入り込むマングローブ林では、様々な生物そして環境が、森林の持続性に関係している。冒頭で述べたように、マングローブ林の姿は、まさに生態系そのものである。ここでは、様々な生物が作る独特のシステムがある。

残念ながら、半世紀前にマングローブの原生林を二次林に変えた時点で、当時の林業者が生態系のことをどれだけ理解していたかは疑わしい。収穫の計算があったにせよ、そのことは頭になく、理念を飛び超えて樹木に関する技術だけが行使されていたように思われる。マングローブ原生林を壊した時点で、理念も計画のどちらもが破綻していたといわざるを得ない。一時的に経済的恩恵を受けたにせよ、結局、人間社会は資源と公益面で大きなリスクを背負うことになった。

6 炭焼きシステムを検証してみたら

タイ王国で、炭焼き産業が、マングローブ林に惨状をもたらしたことは疑いがない事実である。当時のコンセッション・システムが、業者に様々な保守義務を課したにも関わらず、現実には、マングローブ林が急速に劣化していった。この様子を目撃して、このシステムで本当に持続的な施業が可能だったのか、悪いとすればどこが悪かったのか、現場を知る研究者として分析を行った。そして、信じられないような驚きの分析結果が得られた。

私たちは、(3) 森林施業における［計画量］・［使用量］・［現存量］のバランスを調べて、炭焼き産業のマングローブ林に対する影響を検証した。森林局による伐採計画量、マングローブ林に蓄積する炭原木の現存量、および製炭産業が実際に使用したマングローブ原木の量を比較すれば、現実の森林がどうなるかが予測できるはずである。これらの数値が互いに合致すれば、森林が持続的に管理できるはずである。もし、［計画量］と［使用量］が一致せず、それらが［現存量］を超えるような場合には、マングローブ林は持続性を失うはずである。

調査の対象を営林署ラノン担当区として、一九九〇年における三者のバランスを調べることにした。この場所なら、現場のこともよく知っている。まず、ラノンにある営林署を訪れて、伐採計画について森林官から聞き取り調査を行った。［計画量］を調べる際に、営林署の壁に掲げてある黒板が大いに参考になった。その黒板には、担当区をさらに細かく分けた地域毎に、コンセッション制度に基づいて売り払うマングローブ材の量と、炭焼き窯の数とその容積が克明に記されていた。森林官の許可のもとに、黒板のデータをカメラで撮影し数値をメモした。

ラノン担当区には、合計一万一四六八ヘクタールのマングローブ林が存在する。このうち六八三ヘクタールが、一九九〇年のコンセッションが対象とする面積であり、マングローブ材の［計画量］は四万八一九六立方メートルであった。また、このラノン担当区管内には、五九基の窯が存在し、それらの窯の総容積は一万五五七二立方メートルあることもわかった。

つぎに、マングローブ林の現場で、森林に蓄積する［現存量］を求めなければならない。この作業は、私たちの本来の仕事である。前述のように一五年サイクルの交互伐採システムがとられているので、一場所の伐期は三〇年間となる。三〇年間で二次林がどれくらいの現存量を回復するかを調べればよいのだ。

ちょうど、文部省の科学研究費「アジア太平洋地域のマングローブ生態系の生物過程と制御機構(代表：愛媛大学・荻野和彦)」を実施していた時で、ハッサイカオを含むラノン地区に、いくつかの調査地を設けていた。(4) その中に、ハッサイカオ村から二キロメートル離れた場所に、伐採後二〇年を経過した調査地があった。ここは、樹高が七・五メートルにすぎない小さな森林であった。相対成長法で調べた幹の現存量はわずか一三・七トンで、幹直径を二年間測定した結果から、幹の年間成長量は四・四トンと推定された。比較に必要な三〇年生時の幹現存量は、ヘクタールあたり五七・七トンと推定された。こんなに小さな現存量で、このシステムを維持できるのだろうか。

残るは工場の［使用量］である。これを調べるには、ちょっとした注意と工夫がいった。工場主は、実際に炭焼きに使用したマングローブ材の量を、他人にそう簡単には教えない。彼らに尋ねたとしても、下手なことをいうと儲けに響くため、単に契約量が答えとして帰ってくるだけである。この［使用量］の推定が最もやっかいな作業になった。

この研究では、ラノン地区にある炭窯の(総容積)に、一年間で炭を焼く窯の(使用頻度)と、窯容積にマングローブ材を詰める(積載容量)、これら三つを掛け算して［使用量］を推定する方法をと

図5-6●マングローブの炭焼き窯（ラノンにて、1990年頃撮影）
直径が12mもある窯である。ライゾフォラ材を窯に入れて、40日間ほど蒸し焼きにして炭ができる。

った。前述のように、窯の（総容積）だけは、ラノン地区全体で、一万五五七二立方メートルであることがすでにわかっている。他の二項目を求めるために、聞き取り調査を友人が懇意にしている炭焼き工場で行った。

まず、この工場では、一年あたり四～六回の（使用頻度）で窯に火をつけることがわかった。次に、炭焼き窯の（積載容量）を推定した。この炭焼き窯の大きさは、外径が一二メートルで高さが六メートルもあった（図5-6）。このように窯が巨大なのは、過去にマングローブ原生林からとった巨木を炭材に使っていたためである。窯の中に炭材のライゾフォラ属樹木の幹を積み上げて、窯の入り口を土で塗り固めたあと、別に用意した燃材に火を付けて窯中の炭材を四〇日間蒸し焼きにしていた。

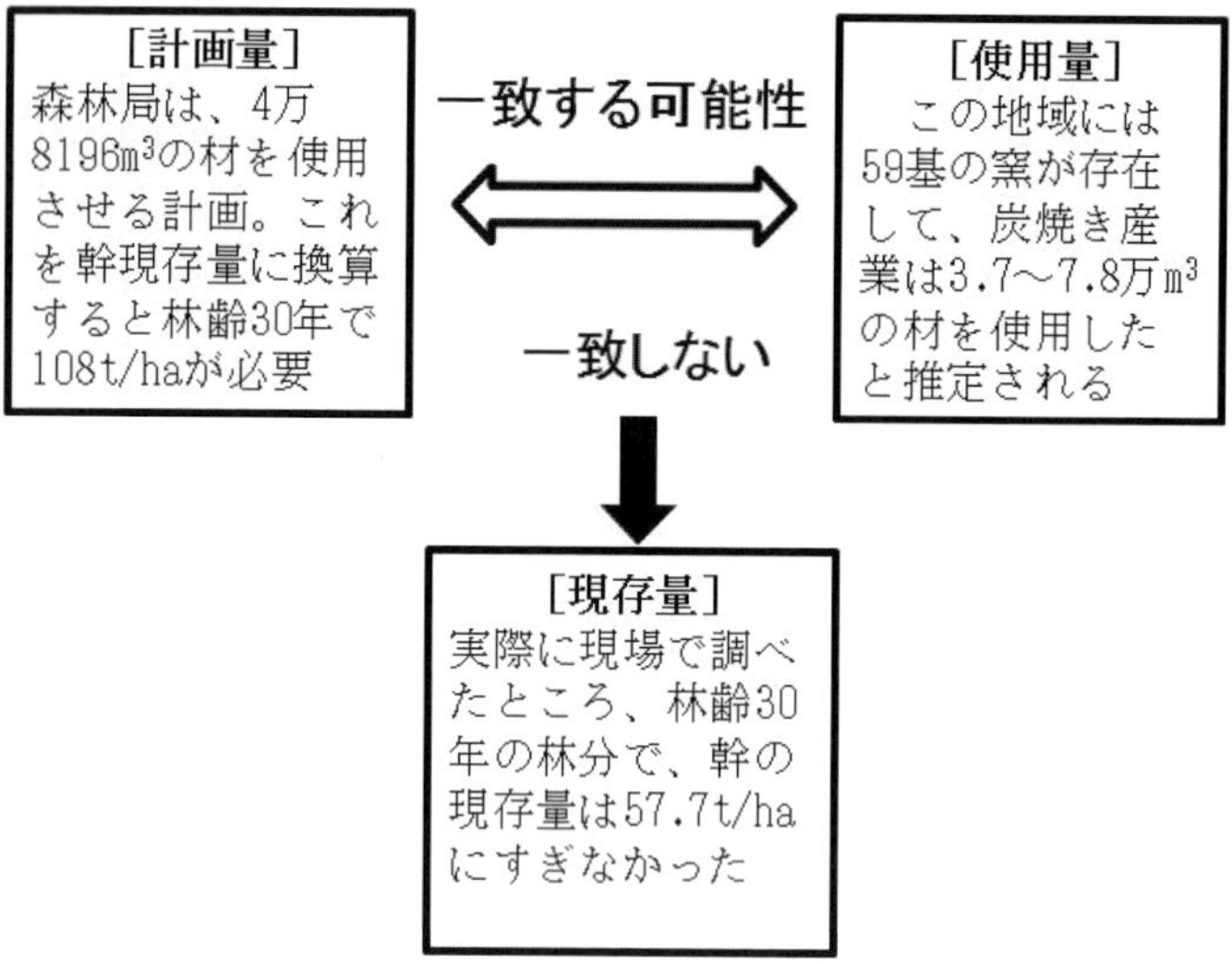

図5-7●炭焼きコンセッションシステムの検証
南タイ・ラノン地区（683 ha）における伐採の［計画量］、炭焼き産業の［使用量］、マングローブ林の［現存量］を比較して、経営の持続性について調べた（Komiyama ら、1992 年）。

その工場の敷地に、ライゾフォラ属の製炭用原木が野積みされていたので、窯容積に対する原木の詰め込みパーセントを、野積みされていた原木のロット寸法から推定することにした。その結果、窯容積八二・一立方メートルの中に、六七・五〜八一・〇立方メートルのマングローブ原木が詰め込まれることがわかった。これから推定される炭焼き窯の（積載容量）は五〇〜七〇％となった。

他の工場でも炭焼き窯が同じ使われ方をしていると仮定して、［使用量］＝（窯の総容積）×（使用頻度）×（積載容量）として計算すると、一九九〇年のラノン担当区で工場が使ったマングローブの［使用量］は、三・七〜七・八万立方メートルの範囲にあるという答えが出た。

以上の結果を集計すると（図5-7）、一九九〇年におけるラノン地区で、森林局が計画する［計画量］は四・八万立方メートルであった。この［計画量］は、炭焼き工場が炭材を取るために伐採した［使用量］三・七〜七・八万立方メートルの範囲の中に入っている。まずは、工場主がコンセッション契約を守っているとみておこう。

つぎに、［計画量］と［現存量］の比較である。四・八万立方メートルという［計画量］は、幹の現存量に換算すると、林齢三〇年で一〇八トンに相当する。ところが奇妙なことに、現場のマングローブ林で調べた幹の［現存量］は、林齢三〇年で五七・七トンしかなかった。つまり、［計画量］が［現存量］を超えるという、不思議な現象が起こっていたのだ。炭焼き工場は、現場に存在もしないマングローブ材をどうして使えたのだろうか。

その原因は、常識はずれの過伐にあったとしか考えられない。炭焼き工場は、許可地以外にも乗り出して、掟破りの伐採を行っていた可能性がある。まさに、私たちがハッサイカオ調査地で目撃したように、伐採夫が割り当ての地域を越えて、他の森林で伐採を行うことがあった。こんなことをすると、結局は、伐採圧が計画の規模を超えてしまい、その結果、森林の更新が遅れてしまう。無理矢理これを繰り返すと、最後にはその地区全体のマングローブ林が完全に疲弊してしまう。

また、「計画量」についても、私にはわからないことがあった。二次林が三〇年間で一〇八トンの森林に成長するという仮定が、現場の状況からして大きすぎるようにみえた。たしかに、ライゾフォラ属樹種の造林地で、幹の現存量が一四年間で一〇〇トン以上に達したことが東タイで報告されている。これは、前述の「計画量」の妥当さを裏付ける数値である。森林の保護が行き届いた場所では、前の仮定は不可能ではないだろう。

しかし、当時のマングローブ林は、保護が行き届くどころか、実に様々に使われていた。炭焼き以外にも、使用圧がかかっていた。ラノン地区の住民は、高床式の小屋に寝泊まりし、漁具を手製で作っていた。彼らにとって、これらの原材料は、マングローブ林で元手なしにとれるものである。経済力のない人間にとって、マングローブ林は生活財を得る場所だったのだ。

つまり、ラノン地区のマングローブ林には、炭焼きによる産業圧とともに、地元民による利用圧が加わっていた。森林局は、いわば森を囲い込んだ状態で森林の成長量を調べて、その数値を「計画量」にしてしまったのだ。これが計画破綻のひとつの理由である。ここで、地元民の森林利用を、不法伐採といってしまうのはたやすい。しかし、彼らの生活にとって、日常の暮らしに使うマングローブは大切な資源である。既得権として、彼らがマングローブを利用する行為を、社会は簡単に否定できないだろう。

このほかにも計画破綻の隠れた原因があったに違いない。安い賃金で外国人労働者を酷使して、炭焼き工場の関係者だけが金を儲ける構図が、様々に悪影響をもたらしたであろう。また、少し言いにくい面もあるが、森林官も、作業が契約通りに行われているか、厳格に監督していなかったようである。結局、それらのしわ寄せが、マングローブ林という生態系にのしかかってしまったのだ。

このコンセッション制度の反省点は、地域の考えや行動が、森林計画に加えられていなかったことにある。このような中央直轄型の森林管理は、他でもしばしば破綻している。そして、そのしわ寄せは森林にふりかかり、まっさきに地域の暮らしにその影響が及んだ。これからは、誰が森の恵みを享受するか、そして自分が住む地域を作るという視点を、森林管理の計画に組み込まねばならない。そうしないと、現代社会で、森林の継続性は担保できないのだ。

私たちがこの論文を出した六年後の一九九八年に、タイ国政府はマングローブ林のコンセッション制度による伐採を、計画期間より二年間前倒しにして禁止した。マングローブ林の惨状を見かねたのであろう。なお、それ以降現在に至るまで、タイ王国ではすべての自然林の伐採が完全に禁止されている。しかし、そろそろコンセッション制度の復活がささやかれる頃でもあろう。大丈夫とは思うが、制度面で森林に災厄が起きることを繰り返さないか、タイ国の人々は見守っていく必要がある。

第6章　マングローブ二次林は炭素の貯蔵庫となるか

1　二次林の炭素固定機能の研究へ

地球温暖化の現象は、海面上昇や雪氷域の減少など、現代社会に環境の危機をもたらしている。この現象は、人間の居住性はおろか農地や林地の生産力にさえも深刻な影響を与える。生物圏における気温の急上昇は、温室効果ガス濃度の上昇がひとつの原因になっており、森林は大気中の二酸化炭素濃度を減らす機能を持つといわれている。はたして、二次林と化した後も、マングローブ林は炭素を貯蔵する機能を果たせるのだろうか。この疑問を解くために、ふたたび、こつこつとした地道な森林研究を行う必要が生じた。

前章で述べたように、この半世紀、マングローブ林の変化は劇的であった。百年前までは、人力で土を掘り、手斧やのこぎりで木を伐っていたのが、ブルドーザやチェーンソーを使用するようになって、大木が短い時間で伐られてしまうようになった。炭焼きなどの三大産業が大規模な伐採を盛んに行ったせいで、マングローブ林は小型化し、単純な樹種構成を持つ二次林と商業樹種だけの人工林、果ては荒廃地に置き換わってしまった。この時に、炭素吸収の機能はどうなるのだろう。

これ以降、私たちはマングローブ林研究を一歩先に進めて、炭素吸収に関わる樹木の現存量から一次生産と分解に焦点を合わせることにした。そもそも、森林生態系の炭素固定機能は、樹木が行う一次生産のフローと、分解者が有機物を大気に還元するフローのバランスで発揮される。例の積み上げ法（ボックス1）により、樹木の成長速度や枯死速度を求めると、マングローブ林における一次生産の様子がわかる。また、土壌呼吸の速度を求められれば、分解によってマングローブ林から出て行く炭素のことがわかる。つまり、森林を中心に炭素収支の様子が分析できるのだ。ここで、必然的に、研究は「速度」の次元に繰り上がる。

新たに行った二次林調査について説明しよう。まず、測定の以前に、やらねばならないことがあった。森林で樹木の成長や枯死などの「速度」を求めるためには、前にハルマヘラ島で行ったような一回切り一撃離脱方式の調査ではなく、一つの場所で樹木の成長や枯死を長期間続けて観測する必要がある。その条件を備えた新しい調査地を作らないといけないのだ。その調査地が持つべき条件として、極端な撹乱を受けず林冠がほぼ閉鎖しているなど、森林が健全な状態であることが第一条件である。交通アクセスの良さ、長期の保守体制、および調査地の安全性も要求される。

もう一つ要求されるのが、それに見合う研究資金である。ちょうどこの頃、岐阜大学が教員に配分する校費が、海外調査にも使えるようになった。貧乏旅行さえ覚悟すれば、学生の指導を併せて自由に海外で研究ができた。額は少額でも、計画の採否にとらわれず自分の発想がすぐに発揮でき、事務的な手続きも最小限で済む。時間不足に悩む教員にとって、自分の研究にすごく使いやすい資金であった。なお、現在では、肝心の校費が雀の涙程度の金額になってしまい、その分だけ研究の自由度も減った。

2 新しい調査地を求めて

二次林で調査地探しの旅を、タイ王国で始めることにした。一〇年前、ハッサイカオで研究していた頃と比べると、マングローブを調べる日本人研究者の数はかなり少なくなっていた。そのかわり、森林局等に勤めているメンバーが、ありがたいことに、以前と変わらぬ援助をくれた。旧友、チュラ

図6-1●新しい二次林調査地を求めて（東タイ・トラートにて、2011 年撮影）
継続調査に適した調査地は貴重な財産である。この二次林地帯で、生態系純生産量に関する研究を、タイの若手研究者とともに行った。

ロンコン大学理学部のピパット先生に参加してもらい、私たちにとって第二期目にあたる研究活動が、意気揚々とはじまった。

まずは、なじみの深い南タイで調査地を物色することにした。私の研究室からは、加藤正吾助手（当時、岐阜大学農学部）と女性を含む五名の学生が参加してくれた。林学の分野で、女性が活躍するのは喜ばしいことである。最初に訪れた調査地は、パンガ県の有名な観光地の近くにあった。マレー半島のアンダマン海側にあるパンガ湾は、タイ王国最大の島であるプケット島になかば囲まれた場所にある。この湾の沿岸には、広いマングローブ地帯が分布している。

私たちが選んだマングローブ林は、一五年前にスズ鉱石を採掘した跡地にあった。森林局の「マングローブ種苗生産センター」のひとつがそこに設置されており、センター所長のソムサック氏の下に森林が管理されていた。この時の調査には、センター所長と同級生だった旧友ピパック氏、そして森林局のタヌウォン氏が協力してくれた。

二〇〇〇年の夏休みを利用して、ここで試しに毎木調査と伐倒調査を行ったところ、調査自体は快適に行うことができた。しかし、パンガは、調査を繰り返し行う上で不便な点がいくつかあった。この場所が、拠点のバンコクから遠すぎるという地理的な制約がそのひとつである。また、大人数は現地に宿泊できないという不便さがあった。これは貧乏所帯にとっては厳しい。

その時はやむを得ず、調査地から五十キロメートルほど離れた国立公園の宿舎を滞在に使った。毎朝ここを出発してセンターに行くときに、車の運転手が猛速を出した。帰りも同様である。海外調査で最も危険なのは、実は交通事故である。貧乏旅行とはいえ、安全性こそが最重要である。とくに学生が怪我をすれば申し訳が立たない。この点で、この調査地には少し不安が残った。

おまけに、その国立公園の宿舎は妙にコブラと縁があった。まず、初日の昼間に、カフェテラスから水路を眺めていると、大きな蛇がこちらの岸に向かって泳いでいたので写真に撮った。あるいは、それが事件の前兆だったかも知れない。

その夕方、隣の部屋にいた男子学生が、蛇が出てトイレに逃げ込んだと言いだした。見に行くと、太い蛇腹の一部が便器に潜むのがみえた。これは大変というので、そこにいたタイ人の運転手に処置を頼んだ。この時、私のタイ語のせいで、危うい目に遭った。運転手に頼んでも何もしてくれないので、仕方なくそのままいると、蛇はいつの間にかトイレから姿を消した。そして、夜の十時過ぎに、またもや蛇が部屋に出現し、今度もトイレに逃げ込んだ。

この時はちょうど大潮の日で、夜にカニを捕る少年が宿舎の前を通ったので、持っているヤスで蛇を退治してくれるよう運転手が頼んだ。捕れたのは、強い殺傷力を持つ太いコブラであった。実に危なかった。私は、別室にいたせいで、その瞬間をみられなかった。翌日になって、運転手に昨日はなぜ無関心だったのかと尋ねると、私が「ネズミが出た」とタイ語で言ったからだそうだ。蛇とネズミの発音は、あまり似ていない。笑い事どころでなく、学生を危険な目に遭わせてしまった。現地語をきちんと覚えなければと反省をした。

他に安全な調査地はないかと思案していると、このパンガ滞在中に、東タイのトラートにも、同じ「マングローブ種苗生産センター」があって、森林局のパイサン氏（当時）が、そこを調査に使って欲しいと言っていたのを思い出した。彼は、ラノンの調査でカウンターパートを務めてくれた古い友人である。パンガで調査を終えた後、翌年からの可能性を見積もるために、急遽、単身でトラートの視察に向かった。

トラートは、東タイにある小さな県で、タイ湾に面するカンボジア国境にある。かつてルビーなどの宝石を産したが、いまは、ゴム園、漁業、果樹園、チャン（タイ語で象）島の観光などで生計をたてる人が多い。ラノンと同様に五〇〇〇ミリメートルに近い屈指の降雨量を誇るが、海は一日一潮型の潮汐パターンを持ち、干満の差も最大二メートル程度と小さい。

このトラート県にも広いマングローブ地帯がある。とくに、トラート川という大きな河川がタイ湾に流入する地域、その半島の反対側にあってチャン島を沖合にみる地域は、広くマングローブ林に囲まれている。ここには、ソネラティア属やブルギエラ属の樹木のなかに、南タイのマングローブ林ではあまりみかけない樹種も存在する。ただし、ご多聞に漏れず炭焼きが盛大に行われた地域で、全体に小型の二次林が覆っている。

バンコクからトラートまでは、自動車で五時間ほどしかかからず、南タイのように遠隔地でないのが良い。これなら、バンコクにいるチームの一員が、いつでも現地に行くことができる。二代目センター所長のシャトリ氏とはラノン以来の間柄で、職員用の宿舎の一部を使わせてもらえるそうだ。食事も、調理人を頼めば、宿舎から水路に突き出た屋根付きのテラスで食べることができる。電気はあるし、水瓶式ではあるが水浴びもできる。部屋には、古いながらベッドも用意されていた。

ためしに、センターの宿舎近くの船着き場から出発して、彼らが推薦する調査の候補地に案内してもらった。ここは、昔の炭焼きコンセッションに関係していた場所であった。約三〇メートル幅の水

図6-2●トラート調査地のライゾフォラ帯（2004年撮影）
典型的な二次林で、比較的小径の木が密生している。

路に面して、深い泥の岸にソネラティア属の樹木が狭い幅で帯状に立っている。そこから内陸にかけて、ライゾフォラ属樹木のゾーンがあって、最奥にはザイロカルパス属樹木のゾーンがある。樹高が一五メートル前後の二次林であった。この中に細長い調査地をとれば、一つの場所で複数の植生帯をカバーすることができる。おまけに、このセンターは優秀なワーカーを抱えている。本庁で調査許可をとったうえで、周囲の住人に配慮さえすれば、伐倒や根掘りができるそうである。どうやら、格好の永久調査地をみつけることができた（図6-2）。

3 世界共通式の作成に挑む

そんな経緯で、私たちは、トラート調査地（位置は図1-15参照）に腰を落ち着けることができた。ここで、マングローブ林の炭素固定の過程を調べるためには、面倒でも、「毎木調査」・「伐倒調査」・「現存量調査」というプロトコルをもう一度繰り返さねばならない。いずれのステップも大変な作業なので、どこかを改良できればと、前々から考えていた。とくに、伐倒調査のステップは、労力も多くて危険が伴う。このステップを省略できたら、森林の炭素固定の研究は迅速に進むだろう。

前述のように、伐倒調査は、相対成長式を作成するために行う作業である。もし、世界中のマングローブに使える相対成長式が存在するなら、プロトコルからこのステップを省略することが可能になる。だいいち、調べる場所毎に、貴重な樹木を伐るのは、やむを得ないとしても、実にもったいない話である。それにしても、式一本で、世界中のマングローブの重量を表現するとは、なんとも意欲的な挑戦ではないか。

もちろん、世界共通の相対成長式を組むためには、基礎データとして、多様な場所と樹種を含む樹木の器官別重量が必要である。残念ながらこの当時、他の研究者が公表するマングローブの重量データは皆無であった。しかし、私たちには、南タイと東インドネシアの原生林で伐倒した八樹種六八本分の大木を含むデータがある。これに、潮や気象の条件が異なるトラートの樹木を加えれば、東南アジアのマングローブ林を、充分にカバーするデータセットになるだろう。とくに根重のデータが少ないので、これを補充することが大事な仕事になる。基礎データを完成させるとともに、樹形法則を探すことにした。

なお、相対成長式の使用には、外挿を許さないというルールがある。つまり、実際に伐った最大から最小サンプルのサイズ内でのみ、相対成長式の使用を認めている。私たちの基礎データには、原生林の大木が含まれている。この点で問題は起きないだろう。樹木の種類に関しては、東南アジアで主要なマングローブが含まれている。追加試料として、トラート調査地では、淡水環境に強いソネラティア・カセオラリスや、二次林を構成する小型樹木のデータをとることができる。また、複数の地域で調べた同樹種のデータも存在する。

トラート調査地では、中央本庁から調査許可を得て、五樹種三六本のマングローブを伐倒した。従来と同じ方法で重量を求めた後に、このうちの一二本について根の重さまでを調べた。根重のデータとりには、個体の根をすべて掘り取る方法を採用した。今回は、トレンチ法など面積ベースの方法はやめて、ポンプの水流を使って直に根を丸ごと洗いとる方法をとった。この新しい方法では、個体の根の実際の重さが得られるので、相対成長式を作るのには都合がよい。

泥の中で根を丸ごと洗う作業は、結構楽しかった。町で買ったエンジンポンプを舟の上に置いて、

図6-3●根掘りの光景（トラートにて、加藤正吾氏 2003 年撮影）
満潮になると万事休す。マングローブ研究者にとっては至福の時ではあるが。

少し離れた吸水口から取り込んだ海水を、消防用ノズルで対象木の根に向かって噴出させる。エンジンがスタートすると、すごい勢いでホースから水が飛び出した。カニや魚が逃げ惑うなか、強い水圧で根がどんどん掘れていく。大人二人がかりでノズルを抱えないと危険なくらいである。この役は、力持ちのワーカーにまかせるしかない。皆でキャッキャッと騒ぎながら、水遊びのような仕事に興じた。

水中で一つ一つの根から土を洗い落としていくと、次第にマングローブの根系が姿をあらわす（図 6-3）。作業の途中で本体から切れて浮いた根も回収する。これらをセンターの研究棟にそのまま持ち帰って、さらに根を水で洗浄した後、径級に分けて根の重量を測定した。今まで個体の根系をすべて掘り上げることは不可能だと思っていたが、二次林で小型の樹木には充分に適用できた。少々時間をかけても、ポンプの水流を使って直接的に個体の根の全重を求めることができれば、これほど確かなことはない。

この根掘り時に思わぬ事故があった。間抜けな私が、鋲付きの地下足袋で、水中にあるワーカーの素足を踏んでしまったのである。足の甲が傷口からひどく膿んできて、結局、彼は一週間ほど病院に入った。不謹慎ながら、この事故からある発想が生まれた。その時、誰かが、「もしこれが乾季だったら、海の塩分のせいで彼の足もここまで膿まなかっただろう」と言ったことが発端である。

つまり、このマングローブ林では、侵入する水の塩分濃度に、極端な季節差が生じているのである。雨季にこの調査地は、河川から来る淡水で満たされている。それに対して、乾季には海水が浸入して、塩分濃度が高くなる。マングローブの成長は、雨季に川が供給する淡水に強く依存している可能性があるのだ（ボックス4）。後で、マングローブの炭素吸収がなぜ速いかを考えるときに、この発想が役に立った。

結局、トラート調査地のデータを追加して、私たちは総計一一樹種一〇四本のマングローブについて、宝物のような基礎データを完成することができた。このうち六樹種二六本は、個体の根重まで調べたデータである。この調査では、岐阜大学の連合大学院に入学したサシトーン・ポンパン氏（当時、チュラロンコン大学理学部生）がはじめて参加した。彼女は、帰国後、トラート調査地で毎木調査など様々な研究を続けてくれた。また、愛媛大学の大森浩二先生たちが、土壌呼吸の測定を手伝ってくれた。私たちは、この調査地を使って、研究をさらに進めていった。

4 樹形のパイプモデル

世界共通式を作るために、大事なことがもう一つあった。それは、この式を支える樹形法則を探すことである。世界中のマングローブの樹形が、共通の法則で成立しているとすれば、それは大変興味深いことである。その樹形法則を相対成長式に組み込めば、原理的に、樹種分離と林分分離は起こらないだろう。

実は、樹木の形を理論的に説明する研究は古くから行われていた。最も有名なものに、大阪市立大学の篠崎吉郎らによる「パイプモデル理論」(1)がある。基本的な考え方は、レオナルド・ダビンチが、河川の形状を断面積保存の法則であらわしたのに似ている。最初に提案された「単純パイプモデル」では、一本の樹木が、単位となるパイプの集合体とみなされている。これらの単位パイプは、根から幹に、そして枝と葉につながっている(図6-4)。このような樹木の形は、たしかに、細流や支流が合流して本流に流れる河の姿と同じである。

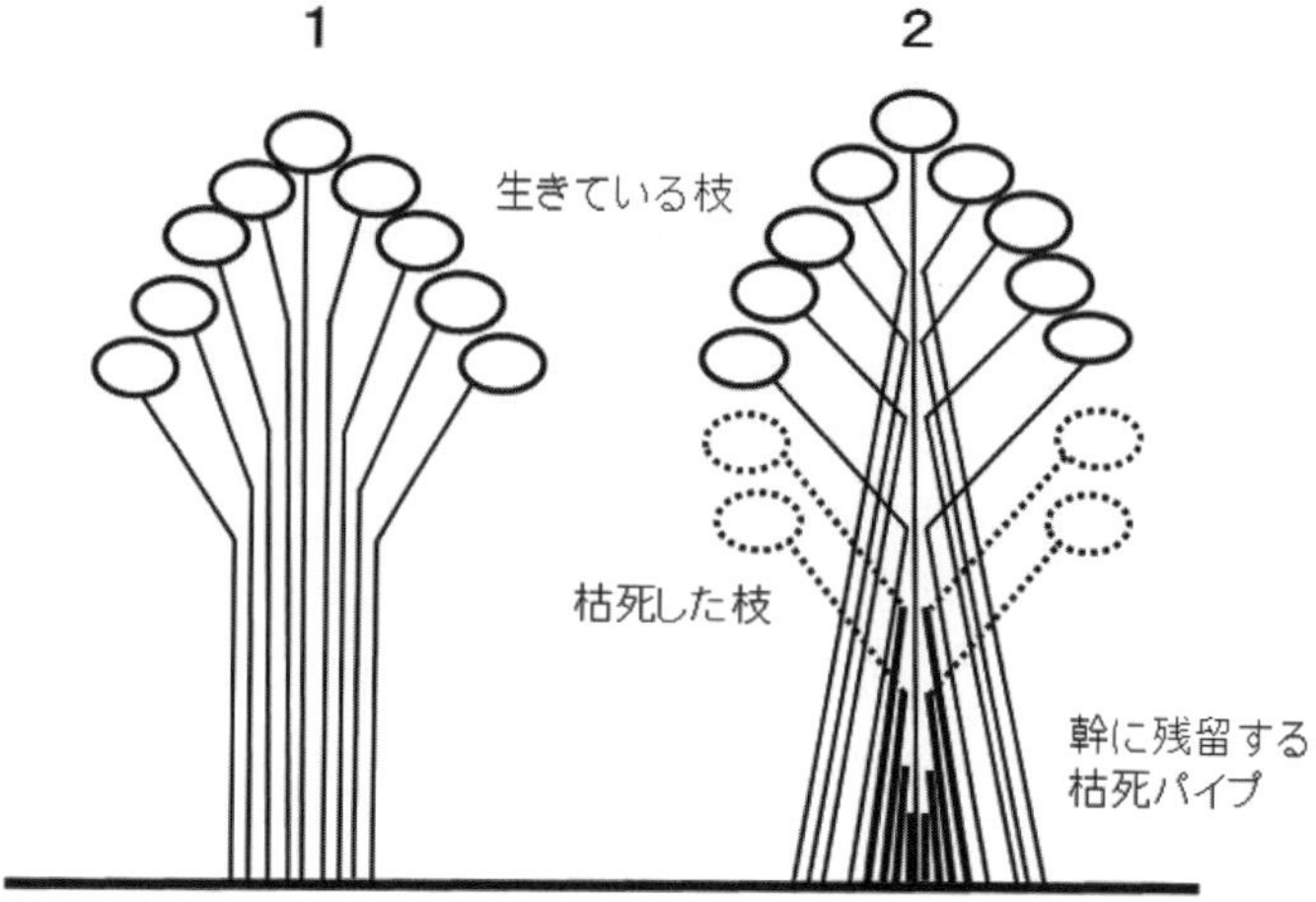

図6-4●篠崎らによる樹形のパイプモデル（著者原図）
1. 単純パイプモデル（Shinozaki et al., 1964 a）：一本の樹木が、単位パイプと葉の組み合わせでできていると仮定する。この時、幹の基本形が円筒となることがわかる。2. 樹形のパイプモデル（Shinozaki et al., 1964 b）：現実の樹木で、枝の下枯れが生じて枯死パイプ（太線）が幹の中に封じ込められると、幹は下方ほど太い形になる。

図から想像できるように、単純パイプモデルでは、複数のパイプが途切れず集って全体の樹形を作り上げるので、樹体のどの垂直位置でもパイプの総断面積は一定となる。そのために樹木はその基本形が円筒形となり、樹冠部を強い力で束ねると枝を含む部分も同じ直径となる。この時に、樹木の葉の量は、パイプの数あるいは面積に比例するので、このモデルから、葉の量を推定することが可能になる。ただし、樹冠の最下部の枝から上の部分だけに、単純パイプモデルが適合することが知られている。

この単純パイプモデルにも適用の限界がある。実際の樹木では、樹冠から下の部分では幹が円筒形にはならず、モデルの予測に反して根元ほど太くなり、全体としては円錐形に近い幹の形をしている。このような幹の形状を表現するには、単にパイプの集合だけを仮定するだけでは無理なのだ。この点を改良したのが、篠崎らによる「樹形のパイプモデル[2]」である。

樹木には、「下枝の枯れ上がり」と呼ばれる現象がある。樹木が成長すると枝がつぎつぎと発生して、相対的に枝の位置が上昇していく。すると、樹冠の下部にある古い枝が日陰になり、ついには枯死してしまう。これが枯れ上がりという現象である。その結果、下枝の高さは、樹木の成長とともに上がっていく。

この「下枝の枯れ上がり」が生じるときに、枯れたパイプが幹に残留する(図6-4)。そのために、樹木の成長とともに、幹の形は円錐形になる。現実の樹木の形に樹形のパイプモデルが適合するのはこんな理由による。ただし、根系だけは別で、地下の根には枯れ上がりが起こらないために、単純パイプモデルの方がよく合う。

パイプモデル理論は、複雑とみえる樹木の形が、実は、単純な原理でできていることを示している。しかし、「樹形のパイプモデル」といえども、現実に枯死パイプが幹に蓄積するパターンを一般化することができないので、このままでは共通式に応用しづらい。

さいわい、京都大学の大畠誠一らが、パイプモデルを「樹形の静力学モデル」に発展させていた[3]。これは、力学的に樹形を解釈するモデルである。どんな樹木でも、幹の断面で上からの荷重を支えて

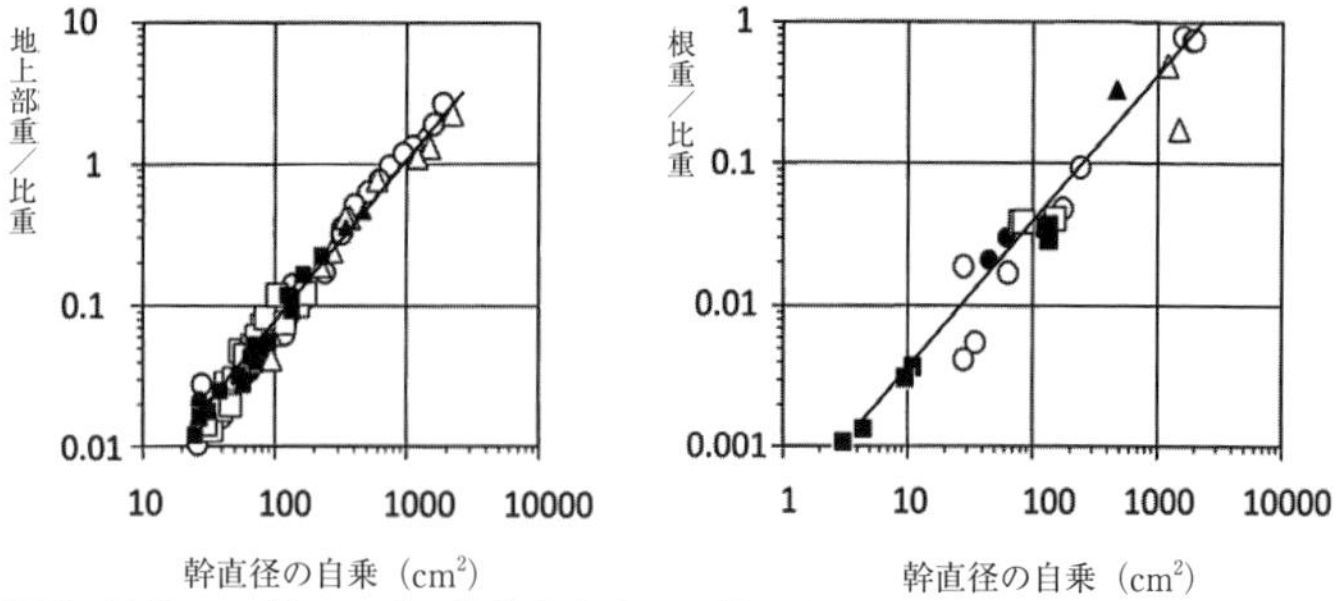

図6-5●マングローブの個体重を求める世界共通式（著者原図）

左：地上部重、右：根重。○南タイのライゾフォラ属樹種、●南タイの他樹種、△東インドネシアのライゾフォラ属樹種、▲東インドネシアの他樹種、□東タイのライゾフォラ属樹種、■東タイの他樹種。相対成長式（記号は本文参照）は、地上部：W_{top}=0.251 $sD^{2.46}$、根：W_R=0.199 $sD^{2.22}$。Komiyama et al.（2005）に基づいて作図。

いる。断面と荷重の間には、強い力学的関係があることが予想できる。大畠誠一らは、この断面部分の重さと荷重の間に、比例関係が生じていることをつきとめた。

樹形の静力学モデルから、この断面部分の重さを幹の断面積（直径Dの二乗に比例）と厚さ（b）の積と考えると、樹木の重量（W）は、木材の比重（s）を媒介変数にして $W=bsD^2$ という式で表すことができる。木材の比重が一定のとき、この式は、幹のどの部分でも応力が一定になることを示している。樹木の体は、こんな単純な物理法則でできていたのだ。後に、森林総合研究所の千葉幸広は、幹基部の断面積と地上部重の関係など、樹形についてさらに詳しい解析を行っている[4]。

世界共通式には、パイプモデルと静力学モデルが使えることがわかった。あとは、モデルが予測する関数に基礎データを代入して、相対成長式を決定すればよいのだ。

こころみに、研究室のコンピュータで、媒介変数を木材の比重として、前述の式に基礎データの実測値を代入してみた。すると、地上部と根いずれの場合も、すべてのデータが見事に一本の直線にまとまった（図6-5）。樹種の違いも場所の違いも、これらの式には表れなかった。この一瞬こそが、研究者にとって至福の時である。ひょっとすると長年の苦労が実ったのかも知れない。ずいぶん興奮したことを思い出す。

少し補足すると、これらの式における幹直径（D）の巾乗数は、パイプモデルや静力学モデルが予測する二よりも少し大きくなった。これは、Dの値に本来使うべき根元直径ではなく、マングローブの支柱根（板根）より三〇センチメートル上の位置にある幹直径を使ったことが原因とみている。マングローブの幹の根元は、すべての個体で不定形となり、測定できない部位である。大きな個体ほど、幹の根元が末広がりになるとすれば、巾乗数は二よりも大きくなるはずである。

この世界共通式を使うには、媒介変数として幹の皮付き比重を与える必要がある。この比重は、幹の一部を切断して、その生の容積と乾燥重量を測定すれば、比較的簡単に求めることができる。平均値では、ライゾフォラ・アピキュラータ（比重〇・七七〇）、ブルギエラ・ジムノライザ（同〇・六九九）、アビシニア・アルバ（同〇・五〇六）、ソネラティア・アルバ（同〇・四七五）となり、この比重には樹種による違いが認められた。

すなわち、ひるぎ科の樹木よりも、アビシニアやソネラティア属の樹木で、材の比重が軽かった。後の二種は急成長樹種であり、実際に材が柔らかい種であることもこの結果を裏付けている。材の比重には、個体の大きさによる違いは認められなかったが、場所による違いが若干あった。この世界共通式を使う場合には、自分の場所で、比較的太い枝からでもよいから、材の皮付き比重を測定するのがよいだろう。

多くの研究者が、同じ悩みを抱えていたらしい。私たちが、このことを国際的な学術雑誌(5)で公表したところ、大きな手応えがあった。この式には別の利点もある。経験式を使う場合より共通式を使う方が、樹形法則という根拠がある分だけ、現存量推定の再現性が向上する。共通式を使えば、場所間で現存量の違いをもたらす原因が、直径分布などから容易に分析できるようになる。

世界共通式ができたので、重量測定のためだけに、マングローブの樹木を伐る必要はもうなくなった。ただし、極端に小さな樹木を対象とする場合や、基礎データに含まれない樹種に適用する場合には、少し注意が要るかもしれない。

5　二次林の炭素吸収速度

地球の生物圏における一次生産の研究は、一九七〇年ごろに本格化していた。コーネル大学のR・H・ホィッタカーとG・E・ライケンスによると、[6] 地球の陸地面積は全体の二九％で、そのうち森林は一九七〇年代でも一〇％の面積を占めるにすぎない。ところが、現存量となると状況が逆転し、森林は重さにして全体の八九％をも占めるという。また、森林が持つ炭素量は、大気圏に含まれる炭素量にほぼ匹敵するといわれている。これから考えて、森林は地球の大気環境を変えるほどの影響力を持っているのだ。他の生物に対する影響も大きいので、それぞれの森林生態系について、一次生産の研究を行うことは、重要な意義を持っている。

マングローブ林が大気中の二酸化炭素を固定するスピードは、どのような状態にあるのだろう。これに答えるのが、「生態系純生産量」という概念である。植物の光合成による吸収量、森林生物の呼吸による放出量、これらによる炭素の吸収と放出のバランスのことを生態系純生産量と呼んでいる。

現代社会で、森林の生態系純生産量（NEP）の研究は、地球温暖化という現象に関係して重要と考えられている。NEPを求めるには二つの方法があって、計測機器が発達した最近では、「渦相関法」がよく用いられている。この方法は、林冠上における鉛直方向の風速と二酸化炭素濃度の変動を同時に計測し、両者の相関をとって二酸化炭素のフラックスを推定する。両者の間に正の相関があれば、森林は大気からその分だけ炭素を吸収している。負の相関がある場合は、放出していることになる。

実際に「渦相関法」を使う時には、森の中に林冠を突き抜ける高いタワーを建て、そこに精密な測定機器を置いて気象要素を連続測定する。(7) この方法に魅力は感じるが、経費と保守の面で、私たちのような貧乏所帯では維持が困難である。この方法とは別に、森林生態学の分野では、「積み上げ法」がよく使われる。計器に頼らない泥くさい方法であるが、現場の作業から、着実に生態系純生産量を求めることができる。このことから、現在もこの方法をとる生態学者が少なくない。

もう一度おさらいしておこう。不必要ならこの部分は読み飛ばして欲しい。積み上げ法(ボックス1)は、自分の家で家計簿をつけるときの手順を連想すればよくわかる。

森林の樹木が稼いだ一次総生産量は、樹木の成長量、昆虫などに被食された量、枯死した量、独立栄養的呼吸に使った量に分けられる。一次総生産量のうち、呼吸以外の分を、特別に一次純生産量と呼ぶことがある。一方、森林から大気に出て行く総呼吸量は、前に挙げた樹木の呼吸量のほかにも、土壌有機物が分解する時に発生する従属栄養的呼吸量がある。そして、一次総生産量から総呼吸量を引いた値が、生態系純生産量となる。なお、独立栄養的呼吸量はこの計算の過程で消去されるので、その結果、生態系純生産量は一次純生産量から従属栄養的呼吸量を引いた値となる。

樹木の「成長量」の測定は、毎木調査を最低二回は繰り返し、測定した幹直径を相対成長式に代入して、その増分から二年間の現存量を求めることにしている。この時、個体が枯死した場合は、マイナスの成長量として扱うことにしている。

樹木の「枯死量」は、葉や枝などが枯死・脱落した量とし、リタートラップ（前図6-2）を使って計測している。この方法では、森林内で樹上に付く枯死部分は常に一定に保たれており、そこから毎年の枯死部分が順次脱落すると仮定している。毎月、トラップに入る枯死物を回収して、器官別に分類して、乾燥させた後に秤量する。

根には、この当時、有力な枯死量の測定方法がなかった。地下でどれだけ根が枯れているかは、わかっていなかった。現在では、根箱法や根トラップ法が考案されている。しかたなく、この量は計測から除外することにした。樹木の「被食量」も、マングローブ林では計測されたことがない。かろうじて、葉の被食痕から、それを推定した例があるくらいである[8]。積み上げ法は、基本的に支出項目から生産力を求める方法であるから、測定しなかった分だけ過小評価を起こすことに注意しなければならない。

積み上げ法では、従属栄養的呼吸量を測定する時にのみ、精密な測定機器が必要となる。分析計を森林に持ち込み、土壌表面から出てくる二酸化炭素量をはかる。湿潤なマングローブ林では、この機器の保守が大変であった。現場でちょっと油断すると、センサーが湿って正常な測定値が得られなく

図6-6●アビシニア帯での土壌呼吸速度の測定（トラート調査地にて、2006年撮影）

直立気根を含まない地面から発生する二酸化炭素の速度を機器を使って計測している。

なってしまう。調査から帰ってから、毎晩、乾燥材入りの袋の中で分析計を数時間かけておくと、なんとか正常な動作を保った。

この従属栄養的呼吸量の測定には、もうひとつ、研究者が苦労していることがある。それは、土壌呼吸には、微生物等の分解による呼吸だけでなく、樹木の根から発生する独立栄養的呼吸が混じることである。困ったことに、二つの成分を土壌呼吸から分離する技術がまだ確立していない。この点については、私たちなりのブレークスルーがあった。

前述のように、マングローブは、根の呼吸を地上の皮目で行っている。この性質を利用すれば、地上根のない地表面にチャンバーをかぶせるだけで、従属栄養的呼吸量をはかることができるはずだ(9)。これは、ちょっとした思いつきであったが、まだ誰もやったことがなかった。なお、土壌中の二酸化炭素は、マングローブが水没した水の中でも土壌から拡散している。現在の機器測定は干潮時にしか使えないので、やむをえず一日の呼吸量はその二倍の値とした。将来は、水中で土壌から拡散する二酸化炭素の速度を調べることが必要である。

従属栄養的呼吸量(R_h)の測定には、当時、研究室の学生の田中亜希氏が、タイ研究者の協力の下に活躍した。二〇〇六年に、雨季と乾季の別に合計二回の調査を行い、毎回、植生帯の別に二〇地点でR_hを計測した(図6-6)。温度ロガーを置いて、計測したR_hを温度較正して年間速度に変換した。二〇〇七年の乾季に、もう一度、私とサシトーン氏でR_hを計測した。

これらの測定結果をまとめると、二〇〇六年八月からの一年間で、トラート調査地の二次林の生態系純生産量は、ソネラティア・アビシニア帯で炭素八・七七トン、ライゾフォラ帯で炭素一一・二二トン、そしてザイロカルパス帯で炭素八・一六トンであった(10)。結論からいうと、このマングローブ林の生態系純生産量は、他の森林より非常に高い値である。その理由を次に考えてみよう。

6　まるで炭素の貯蔵庫

陸上の森林は、どれくらいの生態系純生産量（NEP）を示すだろう。さいわいにも、現在、温暖化現象との関係でこの種の研究が森林で盛んに行われている。S・ルイサエルトらの総説[11]によると、温帯林の生態系純生産量は、林齢によって変化しながらも、その中央値は四・〇トン以下にある（炭素量で一年・一ヘクタールあたり）。生態系純生産量が八トン以上の森林はほとんど存在しない。岐阜大学の大塚俊之[12]は、高山市の落葉広葉樹林で、生態系純生産量が〇・九トン（一八年生）、二・一トン（六〇年生）と低い値を報告しており、とくに七年生の新しい植林地では生態系純生産量がマイナス〇・四トンであった。マイナス値の場合は、森林が大気に炭素を放出していることを示す。熱帯林では、ブラジルのアマゾン川流域の熱帯林で一～八トンという生態系純生産量が報告されている。[13]

これら陸上の森林と比べて、トラートのマングローブ二次林で推定したライゾフォラ帯の一一・二二トンは、生態系純生産量として非常に高い数値である。他のマングローブ林でも、やはり高い生態系純生産量が報告されている。アメリカのマングローブ林では七・〇〇～一一・七トン[14][15]、オーストラリアでは細根と緑藻の生産力を含めて一五・六トンの生態系純生産量が報告されている。[16]

このような比較によって、マングローブ林では二次林といえども、生態系純生産量が、陸上の森林

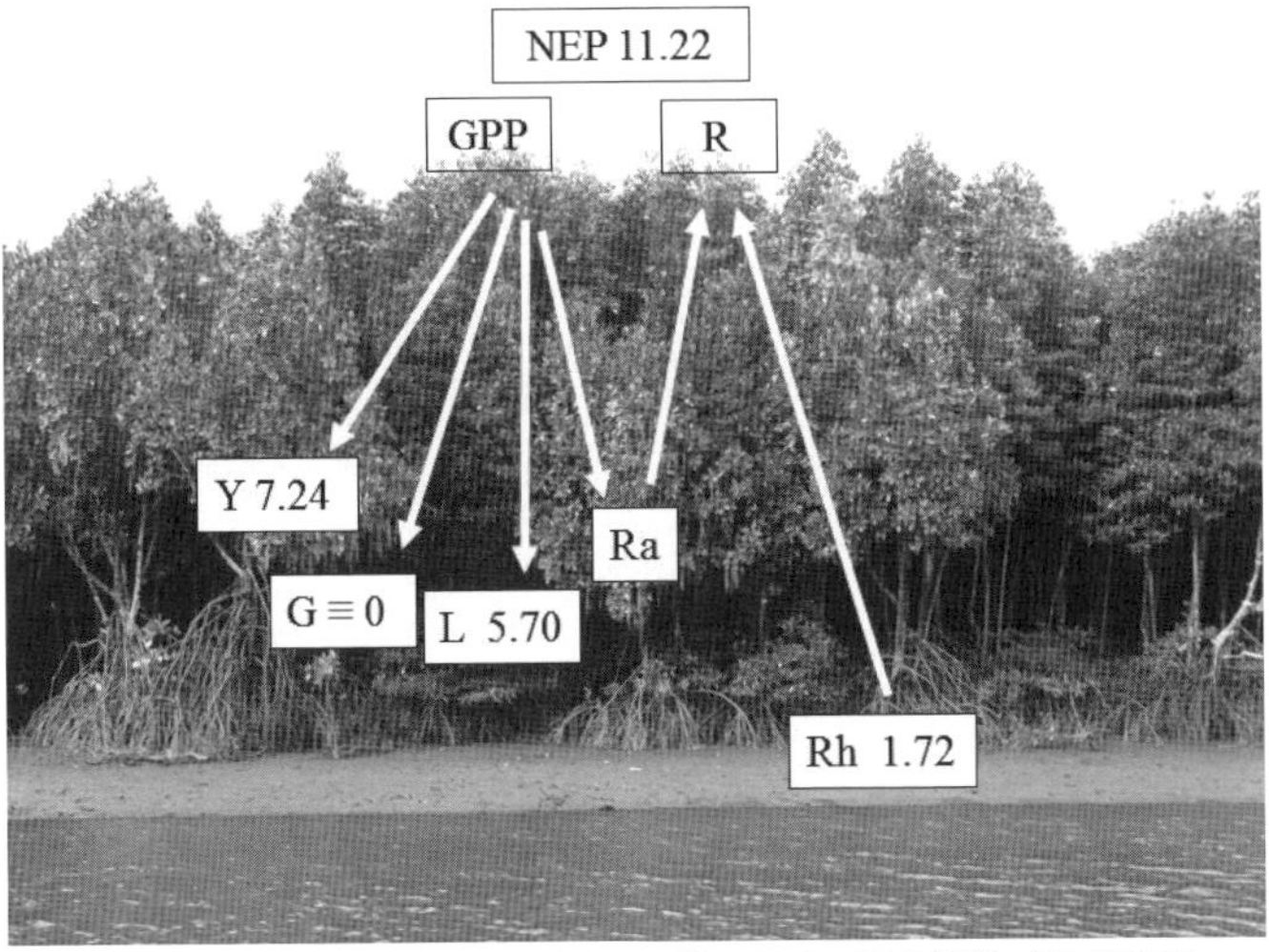

図6-7●トラート調査地のライゾフォラ帯における炭素循環（著者原図）
Y：樹木の成長量、G：被食量、L：枯死量、R：総呼吸量、Ra：独立栄養的呼吸量、Rh：従属栄養的呼吸量、NEP：生態系純生産量、GPP：一次総生産量。ボックス内の数字は、1年で1ヘクタールあたり移動した炭素重でトン。

と比較して、きわめて高いことがわかった。このことはマングローブ林が、旺盛に大量の二酸化炭素を大気から吸収している可能性を示している。

では、炭素循環の経路のどこが違って、マングローブ林はこんなに高い生態系純生産量を出すのだろう。トラート調査地のライゾフォラ帯で、炭素循環の様子を図6-7に示した。炭素の収入項として、成長量と枯死量は七・二四トンおよび五・七〇トンと、いずれも高い値を示している。両者の和として一次純生産量を求めると、一二・九四トンとなる。一方、炭素の支出項目である従属栄養的呼吸量は一・七二トンと非常に低い値であった。つまり、このマングローブ二次林は、炭素の収入が多いにもかかわらず、その支出は少ない状態にあることがわかった。

まず、炭素の収入項を、他の研究例と比較しながらチェックしてみよう。炭素含有量を四〇％として、トラート調査地における炭素量一二・九四トンという一次純生産量を総有機物量に換算すると、二八・〇五トンになる。総有機物量のベースでみると、他のマングローブ林では、一次生産量として、マレーシアで二三・六四トン[17]、メキシコで二四・五八トン[18]が報告されている。IBP研究をまとめたH・リースとR・H・ホイッタカー[19]は、森林の一次純生産量の上限値を有機物量で三〇トンとみなしているので、たしかに、マングローブ林の一次純生産量は高い状態にあると判断してよかろう。

海水で成長が抑制されているはずのマングローブ林で、一次純生産量がこれほど高い理由はまだよくわからない。前述のように、私は、季節的に河川が運ぶ淡水が光合成を旺盛にしているのではないかと考えている（ボックス4）。実際にトラート調査地で、アビシニア・アルバの肥大成長速度を計測してみると、乾季に遅く雨季に速いという結果が得られている（未発表）。

つぎに、炭素の支出項として、従属栄養的呼吸量（R_h）のことを調べてみよう。トラート調査地では、R_hが一・七二トンと低かった。オーストラリアとニュージーランドのマングローブ林でも、やはり一・四〇〜一・九三トンという低いR_hが報告されている。[20]一方、陸上の森林では、さらに高い従属栄養的呼吸量が報告されている。前述の大塚俊之の研究[12]では、七〜六〇年生の落葉広葉樹林で、四・一〜五・四トンというR_hを求めている。陸上の森林において、独立栄養的呼吸量を含む土壌呼吸は、一〇トン前後の速度を示す場合が多いようである。たしかに、マングローブ林の土壌呼吸速度は低い。

以上のことから、マングローブ林で生態系純生産量が高いのは、炭素の収入が多く支出が少ないためであることがわかった。[21] とくに、支出項のR_hが小さいのは、土壌が嫌気的状態にあるからであろう。酸素と分解者不足で、土壌に溜まる有機物が容易に分解できないことが考えられる。私たちの調査地でみたように、大量の死根等がほぼそのままの姿で地下に埋もれていることは、これを裏付ける証拠であろう。マングローブ林の地下は、まるで炭素の貯蔵庫のようである。

なお、今回は、二酸化炭素の形態で発生する土壌呼吸量を調べた。二〇〇九年の時点で複数の文献を調べたところ、マングローブ林においてメタンの発生は微量とのことであった。最近は測定例も増えているはずだから、二酸化炭素以外の気体の発生速度についても確かめねばなるまい。しかし、地下が炭素の貯蔵庫状態であることを考えると、土壌から発散される従属栄養的呼吸量はやっぱり少ないはずである。

現在、マングローブ林は、熱帯（亜熱帯）の海岸部に限って分布している。二次林として小型化したことや分布が制限されることで、マングローブ林が吸収する炭素の総量は、たいしたことがないと思われるかも知れない。ところが、単位面積あたりの能力でみると、この森林の炭素吸収は非常に効率がよいのだ。おそらく同様の性質を示すであろう内陸部の淡水湿地林とともに、この点で、浸水条件にあるマングローブ林に特別の注意を払う必要がある。

冒頭で述べたように大気中の二酸化炭素濃度の上昇に伴って温室効果が強まり、その結果として、地球が温暖化することが大いに危惧されている。東北学院大学の宮城豊彦らのチームは、マングローブ林の基質堆積過程を、ボーリング調査などで詳細に調べている。彼らは、この温暖化が加速すると、海面上昇によって「マングローブが溺れる」ことすらあると述べている。[22] マングローブ土壌の堆積速度は、一年間で数ミリメートルでしかない。もし急な海面上昇が起こると、マングローブはそれについて行けなくなるのだ。このようなことが起こると、マングローブ林が溺れることによって、温暖化にさらに拍車がかかることが考えられる。森林破壊と温暖化、この二つの間に負の連鎖が生じることに、人間社会は注意しなければならない。

box

ボックス4 「マングローブの成長に海水は邪魔?」

私たちは、大学に講義がない夏休みに海外調査に出かけることが多い。その時に、タイは雨季の真最中である。沿岸域は、内陸で水を集めた河川の勢いが非常に強くなって、マングローブ林の中を淡水が満たしている。海水で育つと思われていたマングローブが、実は、大量の淡水に曝される時期を持つのだ。

雨季と乾季で淡水—海水が入れかわる現象は、おそらく、マングローブの成長に大きな影響を与えているに違いない。ひょっとすると、この事実は、マングローブに対する新しい知見を産むかもしれない。そういえば、東タイに設けたトラート調査地周辺で水路の沿岸は、淡水を好むマングローブ(ソネラティア・カセオラリス)でほとんど覆われている。まるで、柳の木のように枝が垂れ下がって茂っている。

雨季と乾季が交互に来て、マングローブ林に侵入する水が淡水と海水に分かれる。これは、トラート調査地だけで起こる現象ではないはずである。

マングローブ林がなぜ高い一次純生産量を示すのか、海水から強いストレスを受け続けているはずなのに……

本文で述べたように、これは、私たちがみつけた興味ある現象だ。しかしよく考えてみると、マングローブは、雨季に川が供給する淡水を使っている可能性がある。この淡水が、マングローブの成長

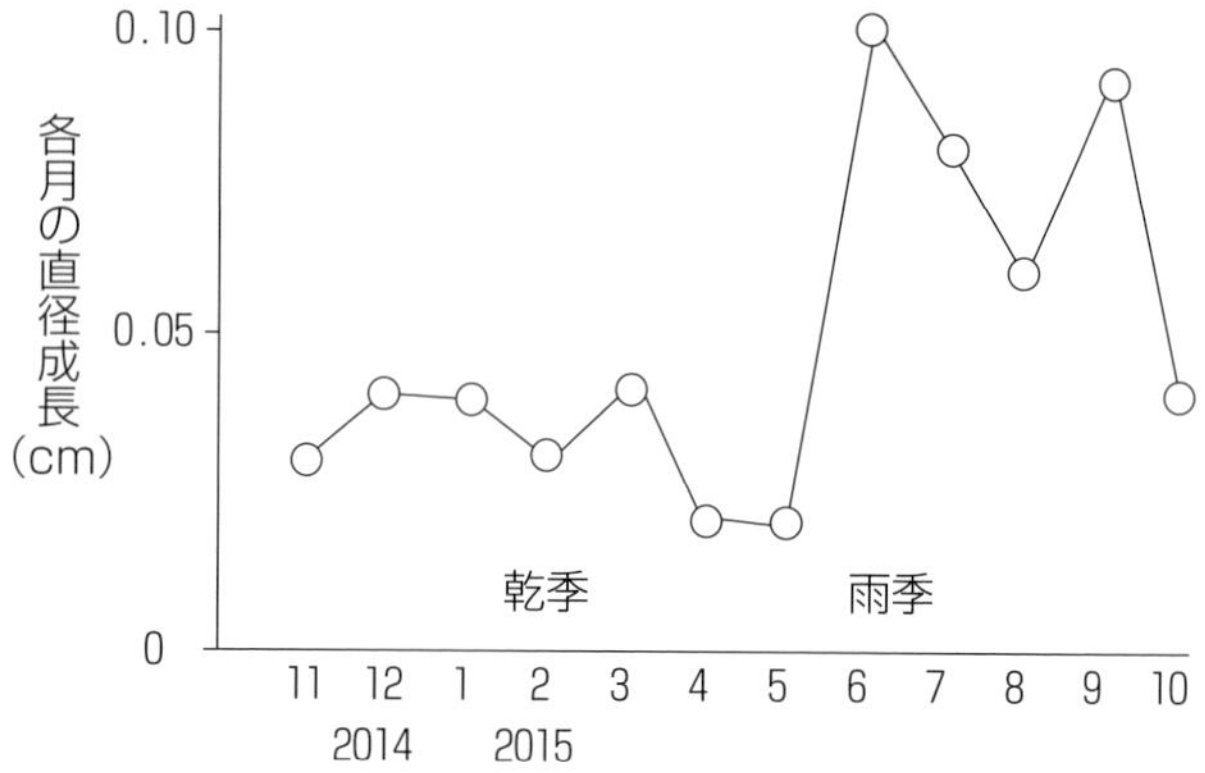

に大きく貢献しているのかもしれない。

　そういえば、いくつかのマングローブには、幹に成長輪を持っているものがある。[23] なぜ、マングローブに成長のリズムができるのか。ひょっとすると、これは雨季と乾季の環境差を反映しているのではないだろうか。いま、私たちは、デンドロメータという測定器具でマングローブの季節成長について調べている（図はその途中経過）。その結果は、驚きであった。雨季で林の中が淡水で覆われると、アビシニア・アルバの成長量が急に増すことがわかった。

　競争排除のために乾季の海水を使い、成長のためには雨季の淡水を使う。多くのマングローブがそんな生き方をしているのではないだろうか。

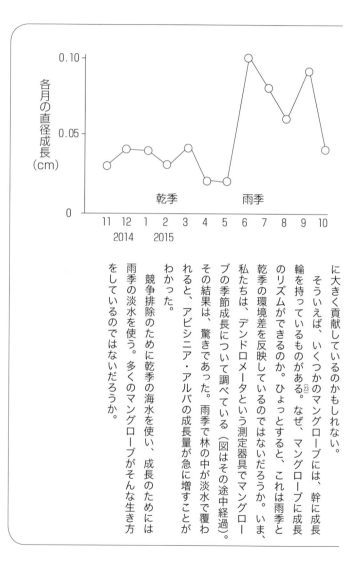

第7章　マングローブの植林と再生に関する問題

1　マングローブ林経営のお手本

一九九〇年代に入ると、マングローブ林の再生に取り組まねばならぬ時代が到来した。それは、コンセッション作業後にできた粗悪な植林地の出現、エビ養殖池やスズ鉱跡地における荒廃地の出現、森林の更新の失敗など、森林の劣化が方々で生じたからである。広い地域が二次林化した状態で森の原型を損なった二次林を放置すると、さらに惨憺たる状況になるだろう。

最初に、マングローブ林経営のお手本を紹介しよう。野外でバーベキューをする時に、マレーシア産のマングローブ炭を使われたことがあるかもしれない。その多くは、ペラ州にあるマタン地区から来ている。ここでは一九〇二年に保護区に指定されてから現在まで、三〇年間のローテーションで伐採と造林を繰り返す林業経営が行われきた。どんな作業計画がおよそ百年間の持続性を産んだのか、ペラ州の森林局が一九八一年に示した『マタン・マングローブ保護区、第二期三〇年間の作業計画[1]』を読んでみた。

マラッカ海峡に面するマタン地区（北緯五度）は四万七一一ヘクタールの総面積を持ち、その多くがマングローブ林で覆われている。渚にはソネラティア属やアビシニア属の樹木が生え、内陸方向に現地でバカウと呼ばれるライゾフォラ属の樹木が生えている。前に紹介したイギリス人のワトソンが、一九二〇年代にマングローブの帯状分布を調べたのもこの地である。このバカウ（主にライゾフォラ・アピキュラータとムクロナータ）が造林樹種とされている。

この地区の八五％の面積が、林業生産に使われている。木材生産の目的は、炭材の生産・薪の生産・柱材の生産の三つに分けられている。製炭が最大の収益をもたらし、薪は周辺地域で料理等に使用され、比較的小径の柱材は地域の住居や漁具などに使われる。当時の森林局は、これら三つの総計で収入一三二万ドル・支出二六万ドル、都合一〇六万ドルの収益がこの地区で上がると見積もっている。炭焼きをすると、周囲の熱帯林よりも、マングローブ林の収益性が高くなるそうである。

この書では、森林経営の目的を次の六つに分けている。1 優良な炭焼き用材を作り、地域と輸出の需要を満たす。２地域に柱材を供給する。３海岸の防災。４魚介類の涵養と漁獲の維持。５地域に安い燃材や漁具の素材を提供する。６教育・研究の場として活用。これらの目的が、このマングローブ林の周辺にある地域を重視していることに注意がいる。

さて、マタン地区第二期の作業計画は、一九八〇年を起点として将来三〇年間に対して立てられている。第一期は、一九五二年頃から始まったらしい。この伐期についても、四回にわたる紆余曲折があった模様である。今回は三〇年間で森林をローテーションする計画であるが、以前にはそれが二〇年伐期であったり四〇年伐期であったりしたそうだ。その原因に、一九〇二年の当初には、マングローブ林が本書でいう原生林の姿であったのに対して、それ以降には、伐採を行うにつれて森林が小型の二次林化したことがあった。マタン地区をいくつかの林班に分けたときに、林班内での樹木の大きさが場所により不均質になったことが、作業上の問題となったらしい。

このマタン地区には、当時、三九人のコンセショナー（契約した炭焼き窯の経営者）がおり、一年に九回炭を焼いていた。総計四〇〇の炭焼き窯が存在し、一つの窯が二・八ヘクタールのマングローブ林を使う勘定になる。森林局は、炭材を採取する森林をできるだけ窯の近くに配置して、材木の輸送費を倹約している。木材の蓄積がそれに満たない場合は、薪材をとる森林とする。ここでは木材をとるために、次の要領で植林・育林・収穫のローテーションが、皆伐一斉造林の要領で行われる。

胎生稚樹の採集　間伐を施した採種林から、六月から一二月の期間に、バカウの親木から胎生稚樹を採取し、できるだけ速やかに植え付ける。

地拵え　とくにアクロティスクム属のシダ植物が伐採地に繁茂すると、苗の成長が抑制されてしまう。これらと前代森林が残した枝等を除去する。これらの残渣が分解するのに二年間待つ。

苗の植え付け　できるだけ現場近くで天然更新した胎生稚樹を植え付けに利用する。それらの密度が足りない場合は、七月から一二月の期間に、採取林で集めた苗を補植する。植栽苗の基本密度は、一・二メートル間隔（ヘクタールあたり六七二六本）、または、一・八メートル間隔（ヘクタールあたり二九八九本）とする。植林箇所に植え付け穴をガイド棒であけて、八～一〇センチメートルの深さに胎生稚樹を埋め込む。長い胎生稚樹や泥が深い場合は、一五～二〇センチメートルの深さとする。

除伐　植林地に侵入した目的以外の樹種を適宜伐採する。

間伐　植林してから一五年および二〇年間経過した時点で、一・二メートル間隔で植えた場所では七五％の樹木を間伐する。森林の下層にあって大きさが満たないものを伐採し、残存木ができるだけ等間隔に残るようにする。一・八メートル間隔で植えた場所では、五〇％の樹木を間伐する。これらの過程で出た間伐木は、薪や柱材として地域に出荷し中間収入を得る。

収穫　皆伐方式で収穫する。前回の一〇年間には、ヘクタールあたり炭材一六〇トン、薪材一二四トンの収穫が見込まれたが、実際の収穫量は一四二トンおよび一〇四トンであった。

現在までに、このマタン地区では、以上の作業ローテーションが数回繰り返され、百年ちかく人工林でマングローブ炭を生産し続けた実績を持っている。炭の需要の面で、日本や香港が盛んに購入したことも成功の要因のひとつである。このような森林の持続性は、作業計画の適正さとともに、地域の理解があってはじめて生じるものであろう。

この計画書で注目したいのは、計画の綿密さもさることながら、生態系としての森林管理を志し、地域経済と景観形成および環境保全に役立てる姿勢が強調されていることである。そのために、前掲の目的の一つに教育研究の場として活用を置いている。地域の人たちに対して、実行される森林計画と作業の意味、マングローブ林を保全する意味を説明し、森林を地域ぐるみで管理したことが、持続性をもたらした要因であるようだ。ここが世界で一番進んだマングローブ林業地となった背景にはこんな理由があったのだ。

2 意外に難しいマングローブの植林

マタン地区の成功例は、むしろ少数派に属すると考えられる。つぎに、私たちが、タイ王国で行ったマングローブ植林地の研究から、個々の場で生じる問題を取り上げることにしよう。前述のように、炭焼きなどの三大産業により原生林を失ってから、その復旧活動として植林が行われるようになった。ところが、その背後には、様々な困難が控えていたのであった。

海洋沿岸資源局の友人が教えてくれた。タイ王国のマングローブ林面積は、一九七五年に三一万二七〇〇ヘクタールであったのが、八六年には一九万六四〇〇ヘクタールとなり、この一〇年間で三七%も面積が減少した。マングローブ林の減少には、前述の三大産業による破壊や、宅地化・工場用地化などが関係している。場所によっては、樹木が更新しない荒廃地ができてしまった（図7-1）。国はこれを反省し、植林と保護活動を展開して、二〇〇〇年には二五万二八〇〇ヘクタールにまで面積を回復させた。最近は面積が横ばい状態を示し、二〇〇九年は二四万四〇〇〇ヘクタールとなった。

タイ王国で、マングローブの植林活動は一世紀の歴史を持ち、遡ると一九〇六年から始まったとされている。森林局は一九九〇年までに六千ヘクタールの植林地を作った。そして、一九九一年から二〇〇一年の一〇年間に、一万八四〇〇ヘクタールの植林を行った。その後、マングローブ林の管理は

図7-1●荒廃地の悲しい光景（ラノンにて、1983年頃撮影）
スズ鉱石を採掘した跡地に広がる荒廃地。プラント船の捨土と土壌の流亡で地形が変わった場所では、マングローブの再生が非常に困難となる。

海洋沿岸資源局（DMCR）の手に移り、二〇一一年までに一万三七〇〇ヘクタールが植林された。最近は、再び、年間の植林面積が減っている（以上、DMCRのタヌウォン・サンティン氏による私信）。

これまでに造成された植林地がすべて残っているとは思えないが、仮に二〇〇九年までの植林面積が総森林面積に占める割合を求めると、タイ王国におけるマングローブ林の人工林率は一六％となる。そこで植えられた樹種は、八〇％がライゾフォラ属樹木、二〇％はブルギエラ属樹木で、ともに木材となる商業種である。最近は、環境造林で、アビシニア属の樹木等が植えられることもあるようだ。因みに、日本において、スギ・ヒノキなどの人工林率は、総森林面積のなんと四〇％以上をも示している。これと単純に比較すると、タイ王国におけるマングローブ林の人工林率は低い。現在のように、大規模にマングローブ林を壊した後で、ただ回復を自然に委ねていては、マングローブ林の再生は不可能だろう。そんな場合は、植林が必須の手段になる。植林の際には、その樹種に適した立地を選ぶことが一つの鉄則となる。

日本の林業では、「適地適木」という植林の基本ルールがあり、よく「ヒノキは尾根に、スギは谷に」といわれる。このことわざは、スギの適地はヒノキ（*Chamaecyparis obtusa*）よりも湿性の場所にあることを示している。マングローブの場合でも帯状分布という現象があるように、それぞれの樹種には明確な生育適地がある。植える場所を間違うと、植林は失敗するのだ。

マングローブの適地は、前述の帯状分布の様子からもわかるように、多くの要素でできている。土地の標高、土壌の粒径、水流の強さ、冠水頻度などが、それぞれの樹種の成長に影響を及ぼしている。地形が人間の手で大きく変えられた場所では、植林の適地を判断すること自体がなかなか厄介な作業になる。

ライゾフォラ属の植林で、苗木の植え付けは案外簡単にできてしまう。まず、植え付け場所にロープを張って植える位置を等間隔に目盛る。先行する人が案内棒で小さい穴を地面に開け、続く人が胎生稚樹をそれに差し込むと出来上がりだ（図7-2）。もっとも、苗を植える時には、深い泥と猛烈な暑さに耐えねばならない。

図7-2●マングローブ植林実験地（東タイ・クンカベン湾にて、1992年撮影、10年後の姿は図7-7）
苗の植栽自体は意外に簡単にできる。ラインに沿って、用意した胎生稚樹を植え付けていく。この後に、苗の死亡や成長を記録する。

植林の失敗事例で多いのは、やはり、適地でない場所を選んだ場合である。最近よく目にするのは、潮間帯下部の軟泥がたまる場所に、胎生稚樹を植えた光景である。他に植える場所がなかったのだろうか。このような場所では、胎生稚樹が長時間水に潜るばかりか、軟泥で苗が自立することすら困難である。また、舟が出入りする時に、せっかく生き残った苗もなぎ倒されてしまう。

その逆に、潮間帯の上部にまで、胎生稚樹を植えてしまった場合もみられる。かちかちに乾いた泥がわざわいして、苗のその後の成長は思わしくない。不適な場所に植林すると、短期間で植林地は崩壊する。マングローブ林では、人間の手で水位を変えることも、広い面積で土壌を改良することもできないのだ。

また、適地に植え付けても、苗に高い死亡率がかかることもある。厄介なのは、動物である。カニクイザルが、植えたばかりの胎生稚樹を引っこ抜き、ちょっとかじっては捨ててしまう。一計を案じて小島に植林しても、またもや苗が全滅する。猿が海を泳ぐことを知っても、後の祭りであった。カニ類が胎生稚樹を切断することもきわめて多い。これでは、まるでサルカニ合戦である。

このほかに、固着性の甲殻類であるフジツボの仲間（*Balanus* 属）が、幹枝に大量に付着して苗が死亡した例や、前述のシャコ山の例などがある。また、貝掘りのために植林地に人間が侵入して、せっかく植えた苗が倒されることもある。植栽当初に起こる苗の死亡は簡単には回避できない。このせいで、植林には膨大な数の胎生稚樹が必要になる。しばしばタネ不足に陥る。

3 タネ不足が起こる

マングローブのタネ不足は、とくに人工更新を行う時に問題となる。その前に、森林の更新について少し説明しておこう。

森林が若返りして新しい世代に入ることを「更新」と呼ぶ。更新の方法は、天然更新と人工更新の二つに区分されている。天然更新とは、樹木の種子が風や動物などの力で新しい撹乱地に散布され、それらの一部が発芽して稚樹となり、次第に成長することによって、次世代の森林を作ることをいう。自然下で充分な数の種子が存在し、それらが適地に散布され、発芽条件と生育条件が満たされた場合に、天然更新が成功する。これに対して人工更新とは、人間が「地拵《ぢごしらえ》え」作業によって、植林地を整えたのち、前もって用意した苗を植えて森林を作ることをいう。前述のように、人工更新は、人間の力に頼らないと、稚樹が定着できない時に採用される。

マングローブ林では、雨季のはじめに、胎生稚樹が成熟して母樹から落下する。前述のように、干潮時に落ちれば、地面にそのまま突き刺さるものもあり、このような胎生稚樹は親木の直下で暮らすことができる。しかし、たいていの胎生稚樹は、次の満潮で地面から離れて水に漂っていく。そして、幸運にもどこかに着地できた胎生稚樹は、根づいた胚軸の下部から幼根を出す。さらに幸運なものだけが、十年も成育して次世代の母樹となることができる。これが多地点で起これば、マングローブ林の天然更新は成功する。

さて、タネ不足の問題の発端は、二次林化にともなって天然更新を阻害する要因が新たにあらわれることにある。まず、母樹から採取できる胎生稚樹の数が少なくなる。マングローブは陽性樹種が多いせいか若齢でも繁殖能力を持ち、一部のものでは数年のうちに胎生稚樹を付けている。したがって、樹木の若齢化自体が、繁殖能力そのものを下げることはないだろう。しかし、二次林化によって樹木が小型化すると、親木あたりの胎生稚樹の数は少なくなる。マングローブの胎生稚樹は、樹木の繁殖子としては大型なので、小さな母樹ではてきめんに数が少なくなってしまう。

植林面積が広くなると、タネ不足はさらに深刻になり、胎生稚樹の確保がマングローブ林の再生にとって重要問題となる。この問題には、タイ王国の森林局でも対策を考え、南タイのパンガやナコンシタマラート、サトゥン、東タイのトラートの四カ所に、「マングローブ種苗生産センター」を配置して、採取した胎生稚樹を貯えて植林活動に供給する体制を整えた。

種苗生産センターでは、自然林の親木から採取して胎生稚樹を確保していたが、この方法では供給できる数に限界があるように思えた。私たちは、胎生稚樹の数を増やす研究に乗り出すことにした。これは、一本の胎生稚樹を分割して、何本かに増やして使う方法である。カニ類が胎生稚樹を食べるときに、ちょん切られた胚軸の部分が挿し木のように生存しているのがヒントになった。

トラートのマングローブ種苗生産センターで、胎生稚樹を先端・中間・基部に三等分して、通称「カットピース苗」作りを始めた。[2] ライゾフォラ・アピキュラータとムクロナータの胎生稚樹を対象にした。この方法によると、一本の胎生稚樹から、三本のカットピースが採れるというわけだ。私たちの予想は的中した。実験してみると、三八ヶ月の栽培後に、平均して七五%近くのカットピース苗が生き残った。一本が三本にという訳にはいかないが、死亡率を勘定に入れても、この方法で数の採算は取れることがわかった。

ただし、生存率には部位差があって、胎生稚樹の下部からとったカットピース苗で生存数が多く、上部からとったカットピース苗で少ない傾向があった[3]。また、カットピース苗を使って実際に野外で植林実験を行ったところ、完全な胎生稚樹を植栽した場合に比べて初期成長は少し遅いけれども、この方法でも立派に苗が育つことを実証できた（図7-3）。さらに、最新のバイテク技術を使うと、一本の胎生稚樹からほぼ無数のカットピースを得ることも可能であろう。この研究には、当時、大学院博士課程にいた大西卓宏君が取り組んでくれた。

このようにして、苗の量産に光明が差したように思った。ところが、ある深刻な問題がここに潜んでいた。それは繁殖子の遺伝的形質に関係することである。愛媛大学の原田光らのチームは、沖縄県から鹿児島県にかけて、メヒルギ（原典：*Kandelia candel*）の樹木個体群を調べ、島ごとに遺伝的形質が異なることをみつけた[4]。興味深いことに、石垣島と西表島、沖縄本島の東岸と西岸、あるいは種子島と屋久島といった距離的に近い場所でも、メヒルギの遺伝的形質は大きく違っていた。たぶん、胎生稚樹が水散布される際に、海流がその流れ方に強い影響を与えているのだろう。

ということは、植林でマングローブ林を作る場合に、使用する苗木が遺伝子攪乱を起こさないように、充分注意しなければならないのだ。タイ王国では、アンダマン海側で採った胎生稚樹がタイ湾側に植えられることがある。その逆に、タイ湾側の胎生稚樹がアンダマン海側に植えられることもある。ところが、ふたつの地域には気象や潮の状態に大きな違いがある。自然分布のマングローブには、それぞれの生育環境を反映した遺伝形質が備わっているはずだ。それを乱してはいけない。

図7-3●カットピース苗（トラートにて、1995年頃撮影）
このカットピースは、胎生稚樹の下部1/3を切断したもの。これらは、植林地で充分に生育する。

もしも、カットピース法により繁殖子が大量生産されると、同じ形質ばかりが全国に増えて、地域的な生態特性が失われてしまう。この方法は、よほど困らない限り、止めておいた方がよいだろう。幸運？にも、私たちのカットピース増殖法が、実際の現場で使われることはほとんどなかった。

4 水流散布の意外な性質

マングローブは、胎生稚樹を海と河川の水流に乗せて、親木から離れた場所に散布して、その分布を広げていく。タネが水で運ばれることを、水流散布または水散布と呼んでいる。マングローブ林を再生する時に、母樹と水散布の関係についても調べておく必要があるだろう。胎生稚樹が水流で移動する過程は、目に映るほど単純ではない可能性がある。

二次林化で地形そのものが変化すると、小面積内でも、水散布が困難になってしまう。たとえば、エビの養殖池が土手を築くと、水流が遮断され胎生稚樹が移動できなくなる。水散布が滞ると、マングローブの天然更新は不可能になる。これほど重要なことなのに、マングローブの水散布パターンを研究した例は非常に少ない。私たちは、まず、小さな水路で胎生稚樹がどのように移動しているかを調べようとした[5]。

図7-4●胎生稚樹の散布実験（ハッサイカオ付近にて、1997年撮影）
タム・ノン川という小水路でマークした胎生稚樹を放流した（場所は図2-2）。船の上方に親木があり、この放流地点からマークした胎生稚樹を追跡した。ビパック氏、隅田明洋氏、加藤正吾氏たちと行った実験。

ハッサイカオ調査地の西側に、タムノン川という幅百メートルほどの自然の水路がある（位置は前図2-2参照）。ここで、三〇〇本の胎生稚樹にマークと番号を付けて、満潮時に親木の下へ放流した（図7-4）。これらを追跡して、水散布の様子を調べようという寸法である。

放流後これらの胎生稚樹は、まるで灯籠流しのように、水路に一列に並んで潮に乗って下流方向へ流れていく。それから一日、二日、一週間、二週間、一か月がたった時点で、放流地点から二キロメートル以内の範囲で、マークの付いた胎生稚樹を探した。一九九一年の調査ではワーカーとともに、岸に沿って炎天下を歩き、時には救命胴衣を付けて泳いで胎生稚樹の行先をしらみつぶしに調べた。胎生稚樹を発見するとマークした稚樹の番号を地図上に記録する。この情報から、個々の胎生稚樹について移動ルートがわかり、定着時には母樹からの散布距離を求めることができる。

この時の調査結果では、放流した胎生稚樹の発見率が三六％と低かった。その一〇九本の胎生稚樹の散布距離は、放流地点から三〇〇メートル以内にある場合がほとんどで、最大でも一ヶ月間で一二〇メートルであった。ほとんどの胎生稚樹は岸辺で発見され、森林の内部にまでは到達していなかった。多くの未発見のものは、川底に沈むか調査域の外へ移動したと考えられる。この実験で、水散布の過程の全容を議論することはできないが、発見した胎生稚樹から挙動の特性を知ることはできるだろう。

一週間以上にわたって複数回の挙動を追跡できた胎生稚樹が九本あった。それらの動きをみると、放流直後に下流に向かった後、方向転換して上流に向かうものがあった。このジグザグな動き方は、潮の干満のリズムを考えると不自然ではない。胎生稚樹は、満ち潮に乗れば上流に移動し、引き潮に乗れば下流に移動するのだから。

つまり、水面に落ちた胎生稚樹は、その時の潮汐パターンを反映して動いているのだ。このような動きにより、胎生稚樹は、親木の位置にある程度の回帰性を持つことが考えられる。そのうえ、今回のように満潮時に放流した場合、放流地点から上流で発見した個体はほとんど存在せず、大部分が下流側に流れていた。親木から落下するときの潮の具合で、胎生稚樹の運命はある程度決まっているのかもしれない。

一般に、重力や風などを媒体にした他の散布形態で、樹木の種子はどれくらいの距離まで移動するのだろう。ぶな科のミズナラ（*Quercus crispula*）など堅果類の重力散布では、種子は母樹の真下に落ちてしまう。その移動距離は樹冠幅の範囲にすぎない。かえで科のカエデ類など風散布種子の場合は、樹高の二倍程度の距離に種子が散布されるといわれている。また陸上の樹木で、鳥散布の場合は、母樹から数百メートルから時には数キロメートル離れた場所に種子が運ばれるそうである。鳥は自分の体重を小さくする必要があるので、食べたあとにすぐ排泄するメカニズムを持っており、極端に遠くまで種子を運ぶことはないそうだ。ただし、羽毛などに付着した軽い種子は、遠くまで運ばれるだろう。

今回の実験で、観測された最長の水散布距離一二一〇メートルは、他の樹木が持つ散布形態より長いように思われる。もっとも、下流二キロメートルの調査範囲から外に出た胎生種子は追いかけようがないので計算に入れることができない。川に沈んだ数もわからないが、未発見のものを入れると散布距離はさらに伸びることも考えられる。

この実験結果で興味深いのは、潮の状態と胎生稚樹の移動パターンの関係である。その時が、満潮か干潮か、大潮か小潮かで、上下流の方向とともに散布距離自体も変化するはずである。それが大潮の時ならば、初期の移動距離は大きくなるだろう。その反対に、小潮の時には、岸の樹木の抵抗にし

図7-5●放流の翌日に直立した胎生稚樹を発見（ラノンにて、1991年撮影）
この胎生稚樹（写真中央）は、カニが巣穴に引き入れたものであった。カニと樹木の間に相互関係があるとは。

たがってその辺りを漂流するのみである。長細い胎生稚樹は、沿岸に支柱根などの障害物があると、森林内に移動できないこともわかった。

このフィールド実験で、他にも面白いことをみつけた。放流後たったの一日で、地面に突きささって直立する胎生稚樹が二本あった（図7-5）。普通、潮の干満による水面の沈降速度は非常に緩やかなので、その力で胎生稚樹が地面に突き刺さることは絶対にない。なぜ、放流後すぐに、胎生稚樹が直立したのか、最初は理解できなかった。

よく調べてみると、この胎生稚樹の直下にはカニの巣穴があった。どうやら、この胎生稚樹をカニが地中に引っ張り込んだらしい。そういえば、根を掘っているときに、胎生稚樹の破片がしばしば出てきた。カニは胎生稚樹を食べるのだろう。胎生稚樹は、前述のカットピース苗のように、ちょん切られた側面から不定根を出して、その部分がそのまま成長することができる。分断されても生き残るのだ。実際に観察すると、地面に立つ胎生稚樹は、カニの巣穴のすぐ横にあるものが多いようだ。

カニ類が胎生稚樹の定着を助ける役割を持ち、それらの活性が月の周期と関係するなら、大潮の時に母樹から落ちた方が胎生稚樹の定着率は高いのではないだろうか。マングローブにとって繁殖の成功は一大事である。彼らは、皮目と根の酸素分圧の状態から潮のパターンを読むこともできるだろう。ひょっとすると、マングローブとカニの間で、月がとりもつ奇妙な共生があるかもしれない。こんな「お伽話」を、誰か調べてみませんか。

5 標高の僅差で苗の運命が決まる

次に調べたのは、スズ鉱を採掘した跡地の更新についてである。人間が自然の土壌を壊して地形を変えると、マングローブ苗の成長量や生存率に変化が生じるはずである。例の大型プラント船がスズ鉱を露天掘りした跡地に、マングローブの苗を植えると、どんなことが起こるだろう。

南タイ・ラノンの「マングローブ林研究センター」の近くに、一〇年を経過したスズ鉱の採掘跡地をみつけた。ここで植林実験を行い、数センチメートル単位で標高差が示す効果を、苗の生存率と土壌の堅さの関係として調べた。

この調査地には、小さなマウンドがあり、その周囲は緩やかな下り斜面となっている。満潮になるとマウンドの上部も水没する場所で、調査地内の標高差は三五センチメートルにすぎない。このマウンドは、かつてスズ採掘のプラント船が鉱石の残滓を捨てた跡で、そこには砂が堆積し土壌の粒径が粗くそのために堅い(6)。一方、マウンドの下り斜面は、土壌の粒径が細かくて相対的に柔らかくなる。調査地から離れた一部の場所には、前述の底なし沼があった。

岐阜大学の肥後睦輝氏とともに、五〇センチメートル間隔で三九五〇本のライゾフォラ・アピキュラータをこの場所に植えて、苗木の死亡や成長について調べた。四年後に調査したところ、この小さなマウンド上で驚きの発見があった。

ひと目で、黒丸で示した生存個体が、マウンド上で少ないことがわかるだろう(図7-6)。一方、マウンドの下り斜面が緩やかな場所には、多くの苗が生き残っている。急な下り斜面で標高の低い場所でも、生存個体が少ないようだ。このように、たった三五センチメートルの標高差しかないのに、苗木の死亡率には大差があった。

マウンド上で苗木の死亡率が高いのは、地面が堅いことと、冠水頻度が相対的に低いために、乾季に乾燥がおこりやすいためであろう。とくに四月には、胎生稚樹がひどい炎暑に曝される。日本のス

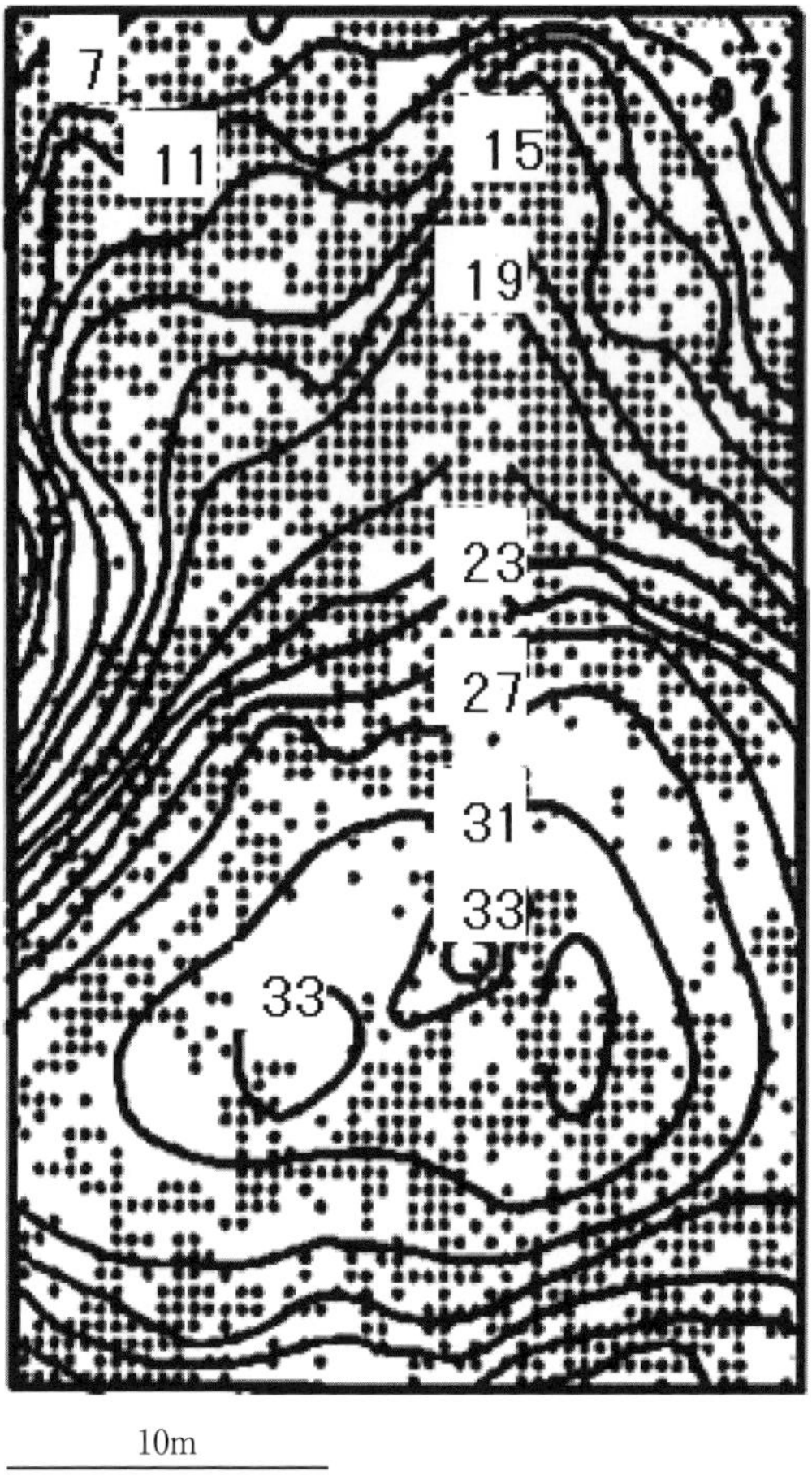

図7-6●スズ鉱石採掘跡地における植林実験（著者原図）

等高線は比高を表し、35 cm の高さのマウンドが図の下方にある。ここは、スズ鉱石採掘のプラント船が残滓を捨てた場所。50 cm 間隔で規則的に苗を植え、4年後に生き残った個体を黒丸●で示している。わずかな標高差によって、苗の死亡が起こることがわかる。Komiyama et al.（1996）に基づいて作図。

ギ・ヒノキ植林地に苗木を植える場合に、三五センチメートル程度の地面の凹凸を気にする人はまずいない。こんな凹凸ぐらいで苗の活着に影響が出るはずはない。しかし、このマングローブ林では、この標高差が苗木の活着に大きな影響を与えているのだ。

潮間帯では、標高とともに土壌の粒径組成や乾燥の状態が変化している。わずかな標高差が、植えられた苗の生死を分けたものと考えられる。人間が地形を変え、砂成分が多くなった場所では、苗の活着にとくに注意がいるのだ。それにしても、マングローブの植林で、標高差がもたらす微妙で強力な効果には驚かされる。

6 植林密度と間伐の問題

植林にはもうひとつ鉄則があり、いったん植えた以上、人間が最後までその面倒をみなければならないとされている。この鉄則を守ることは、長年の間に様々な問題が発生するので、実に大変である。植林地を放棄すると、さらに大きな問題を起こしてしまう。ここでは、植林地の密度管理をとりあげることにしよう。

まず、新植地で多数の苗が枯れると、それ以降の状態に大きな影響を与える。初期の段階で苗の密

図7-7●植林後10年を経た高密度試験地（東タイ・クンカベン湾にて、2002年撮影、植林時の光景は図7-2）

度が低いと、その植林地は将来ほとんどだめになってしまう。この問題は各地の森林で起こり、たとえば日本のスギ・ヒノキ植林地では野生動物の食害により多数の苗が死んでしまう。マングローブの新植地でも前述のように滞水条件・カニの食害・フジツボの付着などで多数の苗が枯れる。また、干潟は地域の人の生活の場なので、人の侵入が苗を傷つけてしまうことが多い。

植林の直後に起こる苗の死亡を、なんとか回避しなければならない。もし、苗をもっと高密度で植林すると、どんな結果になるだろう。これを確かめるために、高密度の植林実験を、東タイのチャンタブリ県で行った（図7-7、植栽風景は前図7-2）。ここクンカベン湾の一帯は、タイ王室のプロジェクトで、農林漁業が重点的に振興されている場所である。湾内にある広大な干潟には、この当時は、わずかな場所にしかマングローブが生えていなかった。通常の方法では、苗の死亡率が高くて成林しなかったからである。

タイ王国では、一般に二メートル間隔で胎生稚樹が植えられている。ヘクタールあたりの密度では、二五〇〇本程度である。これは、前のマタン地区よりも、いくぶん疎植になろう。一九九二年に、クンカベン湾の干潟の一画に、幅三〇メートルで奥行き八〇メートルの実験植林地を作った。植林地を、三種類の密度区画（二〇センチメートル間隔、五〇センチメートル間隔、一メートル間隔）に分けて、ライゾフォラ・ムクロナータの胎生稚樹を植えた。この場所は、潮間帯の上部にあり、土壌がやや硬い場所であった。また、多くの人が貝掘りに使う場所でもあった。

四年後に苗の再測定を行ったところ、面白い結果が得られた。これらの三区画を相互に比較すると、植林密度が高いほど苗の死亡率が低くなった。つまり、高密度で植えると苗があまり死なないことがわかった。それでも、苗木の死亡率は一四～二七％の範囲にあった。少し高いようにも思われるが、この程度なら何とか生き残った胎生稚樹で成林することができるだろう。

密度効果の原理から考えると、これは意外な結果であった。高密度であるにもかかわらず苗の死亡が少ない理由は、苗に集合効果が生じることにあると考えている。マングローブの苗が集合すると、互いの根系が不安定な土壌をしっかりと固定することができる。また、リターが溜まりやすく、土壌の養分状態も良くなるだろう。

それに、意外な集合効果として、樹木が密生すると人間が入り難くなることが挙げられる。干潟では、貝掘りで人と小舟が移動する時に、苗木がつぶされることが頻繁に起こる。高密度の植栽が、人の出入りを少なくしたために、苗が残ったのである。あまりにも人間的な要因ではあるが、現実に苗に対する影響は非常に大きい。この二十年後、私たちがこしらえた植林地は、クンカベン湾で立派な姿に育った。今では、周囲に遊歩道がつき、観望タワーが立って、ちょっとしたエコツーリズムのコースになっている。

つぎに、数十年間以上を経て中期から後期に入った植林地で、とくに重要なのが除間伐である。日本のスギ人工林では、初期にヘクタール三〇〇〇本もの苗が植えられる。こんなに高密度で苗を植えるのは、マングローブの場合と同様の理由がある。もし低密度で植えると、植林地が雑木で覆われてしまい、目的樹種の苗の成長が悪くなってしまう。林業は、密植した苗を間引きながら、樹木が大きく育って植林地を覆うシステムをとっているのだ。

このために、除伐と間伐が、一代の植林地で数回ずつ行われている。除伐は、植栽した苗以外の樹種を除去する作業である。間伐は、成長に合わせて目的樹種を中間的に収穫し、収益を上げるとともにより大径の樹木を育てる作業である。除伐と間伐を繰り返して、人為的に、植林地の種間競争と種内競争を緩和している。

この間伐の方法は、「二分の三乗則」という法則に根拠を置いている。植物は成長に伴って、空間を求めて個体間競争をはじめる。この時に、高密度ではその場に収容する個体のサイズが小さくなり、低密度ではサイズが大きくなる。個体の外形が相似形であるとき、密度の逆数である個体の占有面積は長さの二乗に比例し、樹体の容積や重さは長さの三乗に比例する。したがって、両者の関係は、対数軸で二分の三の傾きを持つ直線で表すことができる。ただし現在では、エネルギー消費の観点から、樹木の密度とサイズの関係を三分の四乗で表す方が良いという研究者が多くなっている。

この「二分の三乗則」を使うと、間伐の効果を予測することが可能になる。タイ王国のマングローブ林では、森林局のチット氏が、二分の三乗則に基づいて、一九八八年に密度管理の方法をまとめている(7)。ところが、実際には、タイ王国のマングローブ林で間伐はほとんど行われていない。そして不思議なことに、未間伐の状態でも、マングローブの樹木があまり死なない。この理由はよくわからないが、その結果として、植林地が高齢になると、もやしのように細長い幹を持つ樹木ができあがる。

このような状態では、強い風や波が来たときに、一群の樹木が将棋倒しになって、最後には森林全体が崩壊してしまう。いま、マングローブ植林地の多くが、こんな危険性を持っている。間伐は、科学知と経験知を必要とする作業である。早々に、現場で間伐と密度管理のノウハウを築き、経験を積んだ技術者を養成するしかないだろう。最後まで植林地の面倒をみるという原則のなかで、密度管理は、マングローブ人工林の将来にとって重要な課題になっている。

第8章……………二次林世界の再構築

1　原生林の死

原生林への回帰は、ノスタルジーに過ぎないとよくいわれる。たしかに、自然と人間社会の関係が不可逆的な時間の流れで形成される以上、すべてを原生林の時代に戻すことなど不可能だろう。重要なことは、原生林が森の原型として、私たちに多くの重要な情報を提供することである。原型がわからない状態で再生などはありえないのだから、思い切りノスタルジーを込めて原生林を調べることにも大きな意義があるはずだ。この最終章では、後戻りしない自然という悲しい本質、そのもとで私たちがとるべき行動や態度について述べたいと思う。

ひとつ、原生林の消滅に関する挿話をいれることにしよう。私には忘れられない講義がある。もう四〇年以上も前のこと、大学の教養部の先生が、これから林学を志す一年生を相手に、印象深い物語を紹介してくれた。その物語は、アメリカのノーベル賞作家ウィリアム・フォークナーによる『The Bear』(1)であった。これは、ミシシッピ低湿地帯の原始林ビッグボトムを舞台にして、森の象徴であり神格化された巨大熊オールドベンと、新たに狩猟の仲間入りを許されたアイク少年が繰り広げる迫真の小説である。

初めてビッグボトムに入る日、アイク少年は一一月の肌寒い霧雨の中を四輪馬車に乗って出発した。人間の最後の領地である穀物畑を越えると、そこから先には神聖な森林地帯が広がっていた。大海原をゆったり進む舟のように、馬車は原始林の中にのろのろともぐり込んでいく。そして、果てしない大森林の一画に、彼らの狩猟キャンプが置かれていた。

この狩猟キャンプの目的は、原始林の象徴である巨大熊オールドベンの捕殺にある。しかし、狩人たちは、オールドベンに遭うことすらできず、実のところ、彼らのキャンプは原始林で行う恒例のお祭りのようなものになっていた。オールドベンは、狩人にとって、ほとんど神格化された存在であった。

主人公のアイクは、せめてオールドベンをみたいと思うが、どうしても果たせない。彼はついに、森に入る時に、銃とコンパスなど文明の利器をすべて棄て去ることを決意した。オールドベンは、そんな決意を受け入れたかのようである。アイクは水がまだしみ出ている巨大な足跡をみつけ、それをたどってオールドベンを夢中で追いかけ、ついにその後ろ姿を垣間みる。巨大熊はゆっくりとした足取りで、原始林に融けるように消えていった。

オールドベンは、並みの狩人や猟犬の適う相手ではなかった。狩猟キャンプの人間は、捕殺するどころか、いつもオールドベンに軽くあしらわれていた。しかし、ライオンという名を持つ稀代の名猟犬があらわれて、ついに、オールドベンは追い詰められた。

とうとう最後の日がきた。森の木立と雨をはらむ重い空気がひとつになって、嵐のようなうなり声をあげる。オールドベンとライオンの格闘に、穢れなき幼子の心を持つ大男ブーン・ホガンベックが加わって、この物語は大団円を迎える。三つ巴の凄まじい格闘が終わる。その時、三つの気高い魂は一体となり、大木が倒れるように崩れ落ちた。

オールドベンの死は、原始林の死を意味する。これを境に、劇的な変化が森に訪れる。森林の伐採権が製材会社に売り払われ、森林鉄道が敷かれて、樹木が急速に伐採されてしまった。その伐採跡を再訪したアイクは、産業と文明によって、神聖だった原始林と気高い生き物が、永遠に失われたことを知るのである。(2)

この物語を、マングローブ林に入る時、いつも思い出した。この小説を読んだ十年後に、私は、アイク少年のようにマングローブ林に入り、奇しくも、ハッサイカオに残る最後の原生林を目撃することになった。その後、チェーンソーという文明の利器によって、すべての原生林が伐採されてしまい、ついには、まったくの二次林世界が到来した。遠い昔に読んだことなのに、私の心にオールドベンの話が焼き付いて離れない。場所と時を超えて、原生林を壊したことに、多くの人間が悔悟の念を抱くということか。

2 再訪、三三年後のハッサイカオ

アイク青年がそうしたように、私もかつてのハッサイカオの原生林がどうなったかを見とどけたいと思った。この本を執筆中の二〇一四年一〇月に、思い立ってタイ王国のラノンを再訪した。

タイ王国の海洋沿岸資源局と、チュラロンコン大学植物学教室のスタッフ六人に連れられて、バンコクから国道四号線でマレー半島を南下し、チュンポンから山岳地帯に入ってラノンに到着したのは、高速で車を走らせて七時間後のことであった。昔と比べると、道路や沿線の設備はずいぶん整備されていたが、ラノンは今でもやはり遠かった。雨季の末期にもかかわらず、ここを訪問中さいわい雨はあまり降らなかった。

翌日、マングローブ林研究センターを訪ねた。三三年前はセンターの建物も何もなく、樹木がまばらに生える丘だったが、その翌年から、マングローブ林研究を進める基地として、森林局が拠点の建設を始めた場所である。今は、研究棟・教育棟・宿舎があり、海洋沿岸資源局のセンターとして綺麗に整備されている。建物の近くに、立派な遊歩道を備えたマングローブの見本林まであった。

いよいよハッサイカオに向かって、舟を出すことになった。港の近くに国立公園局の施設が建ち、その近くに新しい養魚設備が浮かび、付近の二次林が成長するなど景観は大きく変わっていた。船は昔通りに海路を進んでいく。ところが、ハッサイカオに到着しても、あまりに様変わりしていて、肝心の原生林にあった昔の調査地の位置が分からなくなった。

困惑していたところ、かつて根掘りを一緒にしたワーカーの一人が助けてくれた。当時青年だったソムキェット氏は、センターの技術職員となり、年齢はもう五一歳になっていた。同行してくれた彼が、舟をぴたりとかつての調査地の位置に着けた。

舟から渚に飛び降りると、前にみた記憶がある二股のソネラティア・アルバの太い木がまだ残っていた。そうだ、ここなのだ、あの巨人たちの森だった場所は。舟を下りて、渚から内陸に向かって泥の中を三〇メートルほど進むと、ライゾフォラ帯の森林に入った。予想していたことではあるが、かつての巨人の姿は岸近くではほとんど跡形もない。

そのかわりに、幹の直径が一五センチメートルほどの樹木が高い密度で生えていた。それらの樹高は一六メートルほどであった。このあたりは、以前よりも砂地が多くなったような気がする。これは、例の津波の影響かも知れない。トレンチで根を掘ったのはここのはずであるが、どこを探してもその跡はみつからなかった。

そこから、一〇〇メートルほど内陸に向かって進む。ここでも、ライゾフォラ属の樹木が、幹の直径で二〇センチメートルほどの大きさに育っていた。三三年前は、このあたりにブルギエラ・ジムノライサの樹高四〇メートルにも及ぶ巨人が立ち並んでいたはずである。現在、ブルギエラ属の樹木は妙に少なくなってしまった。過去に存在したブルギエラ帯の森林は、すっかり消滅していた。

さらに内陸方向に進むと、森林は新しい樹木ですっかり覆われていて、幹直径で二五〜三〇センチメートル、樹高も二五メートル近くに育つ樹木群があらわれた（図8-1b）。これらは、かつての原生林が破壊された後に成長したもので、それらの中には、当時の下層木であったものも含まれるだろう。それにしても、この二次林は、思ったよりずっと成長が速い。

そして、渚から二一二メートル進んだところに、幹直径が五五・八センチメートルのライゾフォラ・アピキュラータの巨人が立っていた。実にこれは、原生林の生き残りである。

周りをみると、傾いた巨木や倒伏して地面で朽ちかけている残骸が方々にみられた（図8-1a）。まだ生きている個体もあったが、今の巨人たちは林冠を作るほどの力は持っていない。それらは、衰えた体を懸命に支えながら、森林の中にまばらに残っているという有様だった。私にとって、これは

図8-1●ハッサイカオ調査地再訪（ハッサイカオにて、2014年撮影）
a．32年前の原生林時代の生き残りの巨木が倒れかけている。その左側には倒木もみえる。
b．見事に二次林化したハッサイカオ調査地。

a

b

悲しい光景であった。巨人たちが今も元気に生きていたら、どんなにすばらしい光景だったろうか。ここには、かつて感じた森の荘厳さは存在しないし、全体に漂う安定感も乏しい。

ああ、いったい私たちはこの森に何をしてしまったのだろう……

かつて、この森には、ひとりのワーカーがキングコブラと格闘した伝説があった。それに比べて今は、林床にうごめくカニ類以外に、多くの動物をみかけなかった。昔の一メートルもある木登りトカゲ、時に水路に姿をみせた川獺たちは、どこに行ってしまったのだろう。増えたのは、誰も捕獲したがらないカニクイザルばかりである。森林が小規模になって一切の生物が棲み場所に苦労しているようだ。

さて、今回の調査に同行してくれたスタッフは、多くが三〇歳以下の若者であった。彼らは当然のことながら、昔あったハッサイカオ原生林の様子を知る由もない。彼らからみると、現在の森林はどのような姿で目に写っているのだろうか。彼らは、二次林化という瞬間に立ち会った経験を持っておらず、二次林の対照物としての原生林をみたことがない。

彼らの様子から判断して、現在、樹高が二〇メートルにも達するハッサイカオのマングローブ林は、樹木密度も高くて他の二次林より大きく、充分立派な森林として眼に映っているようだった。これは、私の印象とは全然違っている。昔は、こんなに小さな森ではなかったのだ。

いま、原生林の生き残りの巨人は少数であり、視覚の上で、圧倒的な数を誇る二次林化後に生えた更新木に押されている。かつてこの地が、巨人たちの荘厳な森であった時に私が受けた感動は、彼らの心には芽生えるはずもない。やはり、森を評価するときには、その歴史と経緯を知る古い語り部が居ないとだめなのだと思った。しかし、仮に語り部が過去の状態を告げたとしても、当時の感動をそのままに再現することはできないだろう。原生的な自然を損なうと、人間の視野が狭まって、皆の心もどこか小さくなってしまうような気がする。

ハッサイカオ周辺のマングローブ林は、現在、ユネスコのバイオスフェア・リザーブに指定されて、手厚い保護管理下に置かれている。昔のように、森林の樹木が伐られることはもうなくなった。前述のように、ラノンは、降水量が破格に多い場所である。条件さえ恵まれればマングローブの二次林は立派に育つという例に、この森林はなりそうである。しかし、ユネスコが保全を意図するような原生的状態に、果たしてこの森林が時間とともに戻れるかどうかは、私にはわからない。失われた生態系の要素が多すぎるように思われる。そして、元の原生林の状態を知る人間自体も、ちょうどハッサイカオ調査地の巨人たちが消えていくように、そのうち居なくなってしまうのだ。

3 何年待つと原生林は甦るか

こんな状態をみると、ある疑問が浮かんでくる。ハッサイカオの二次林は、再び、元の巨人たちの原生林に戻れるのか。森の安定を取り戻すことはできるのか。もし戻るとすれば、私たちはあと何年待てばよいのか。

これらに正確に答えることは難しい。もし、時間スパンを一気に数万年にまで拡大すれば、すべての場所が原生林に戻ることは間違いない。しかし、こんな時間スパンは、人間の思考範囲をはるかに超えている。また、気候・土壌など多くの要素の影響によって、大きな攪乱が突発的に起こることによって、その答えが一定しないことも予想できる。

まず、ハッサイカオのマングローブについて、原生林の樹木の年齢査定から始めることにしよう。巨人たちの年齢は何歳なのだろう。ところが、ここでも障壁にぶつかる。マングローブをはじめ熱帯雨林地帯の樹木には、明確な年輪というものが形成されない。基本的に年輪が生じやすいのは、温帯のように冬に樹木の成長が完全に止まる場合などに限られるからである。だから、熱帯では樹齢を特別な方法で推定しなければならない。樹齢がわかれば、森林の年齢におおよその見当がつくかもしれない。

では、熱帯で樹齢を求めるのに、どんな方法があるだろう。少し苦肉の感はあるが、幹直径の年間成長量を径級別に計測して、それぞれの径級を通過する年数を推定するという方法が提案されている[3]。今かりに直径階の幅を一〇センチメートルと置くと、毎年一センチメートルずつ成長する樹木は、この幅の層を一〇年間で通過する。森林の中で最大の直径階までこの計算を繰り返せば、樹木の年齢が推定できるはずである。

私たちのハッサイカオ調査地では、一九八二年と翌年に、同じ樹木について幹直径を二年間にわたり繰り返して計測している。幹の直径階を一〇センチメートル毎に分割して、それぞれに含まれる樹木の年間成長量の平均値を求め、両者の関係を示したのが図8-2である。この関係を作るにあたっては、ハッサイカオ調査地の内陸側に生えるライゾフォラ属の樹木で、幹直径の成長に異常がない個体のデータのみを使った。

この図から、直径の径級が大きくなると、幹の年成長量が低下するという明確な傾向がみてとれる。樹木の現存量は原則的に幹直径の二〜三乗に比例するので、大径と小径の樹木で同じ直径成長量を持

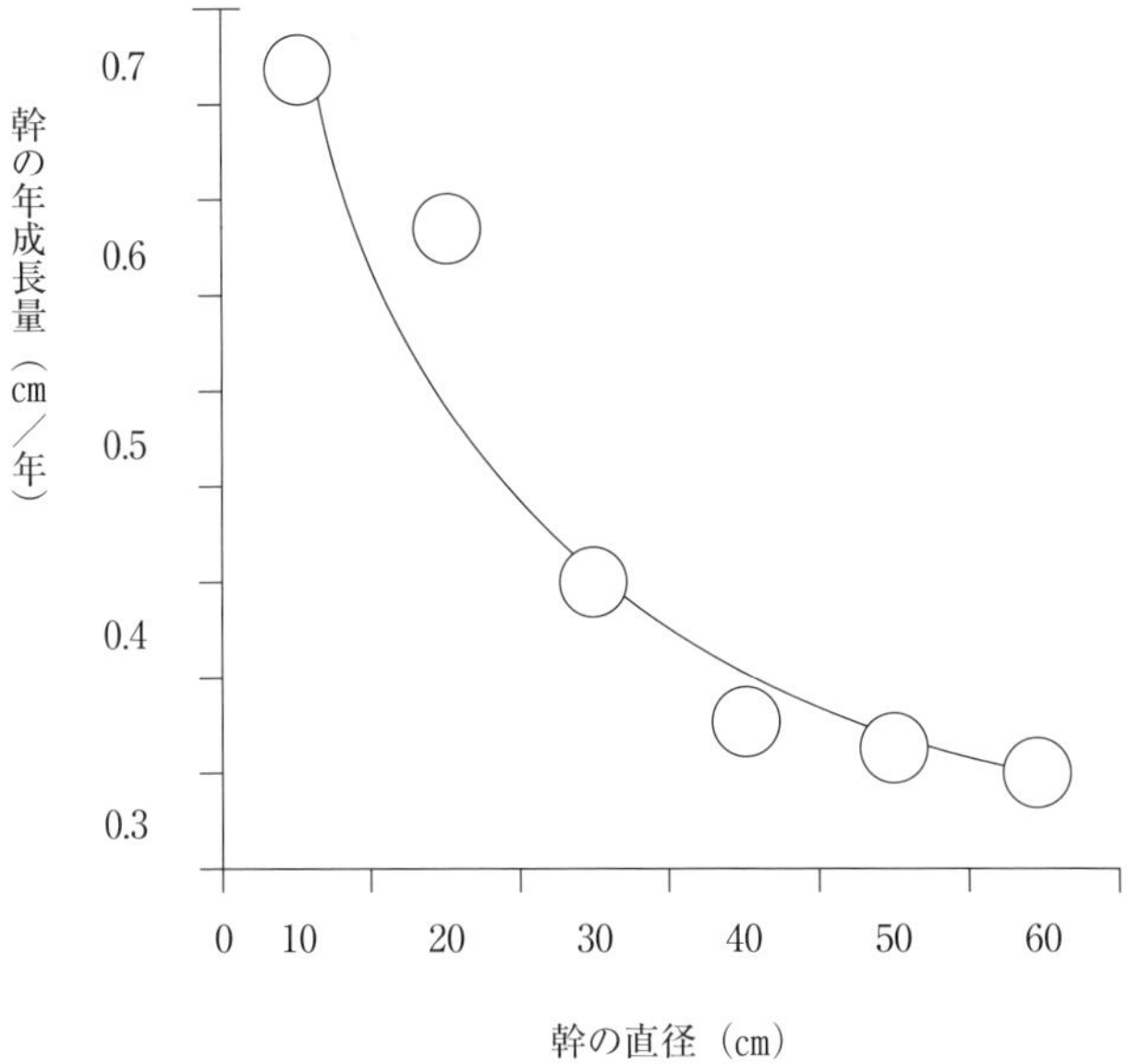

図8-2●幹の直径と年成長量の関係（著者原図）

ハッサイカオ調査地のライゾフォラ属樹木について、10 cm の直径階毎に平均年成長量を求めた。これから得られる進級年数より、森林の年齢が推定できる。

つことはできない。大きな木ほど、直径成長は小さくなる。たとえば、径級一〇センチメートル以下の小さな樹木に対して、径級五〇〜六〇センチメートルの大きな樹木では、直径成長量が半分以下になってしまう。成長量が毎年同じと仮定すると、径級〇〜一〇センチメートルの径級幅では直径が一〇センチメートル太るために一三・九年の時間を要する。径級五〇〜六〇センチメートルの樹木になると、なんと二八・六年をも要するのだ。

ハッサイカオ調査地で、ライ

ゾフォラ属樹木の最大幹直径は五三センチメートルであった。かりに、六〇センチメートルの幹直径までこの森林の樹木が達するとして、各径級を通過する時間を積算すると、最大樹木の年齢は一三五年となる。ただし、この図に基づく計算は、環境条件と森林構造が時間方向で変化しないことを仮定している。はたして、この結果が予言するように、ハッサイカオの巨人たちの年齢は、百数十年と思ったより若いのだろうか。なお、参考として示すと、東インドネシアのソソボック調査地では、ライゾフォラ属樹木の最大幹直径が五七センチメートルであった。この原生林でも、最大幹直径は同じ規模の径級であった。

他に熱帯樹木の年齢がわかる方法はないかと思い、調査日誌を整理していたところ、私たちが一九八六年にインドネシアのボゴール植物園のゲストハウスに泊まったときに、園内の樹木について幹の直径を測ったメモが出てきた。オランダ統治時代一八一七年に開園したこの植物園は、多数の樹木を各地から移植した。園内の看板には、それぞれの樹木について、移植の由来と時期が書いてあった。もちろん冊子でも、それらについて克明な記録が残されている。

私が、ボゴール植物園で直径を調べた最大の樹木は、スマトラ島から移植されたフタバガキ科の樹木で、今の幹直径が二メートルもあった。移植時期が一八七〇年とあるから、一一六年間でこの大きさに育ったことになり、樹高はすでに五〇メートルを超えていた。直径が六〇センチメートル程度の個体を探すと、ジャワ島から移植した幹直径が五七センチメートルのイチジク属樹木は、一八五五年という時期からみて樹齢一三一年となる。同じく幹直径が五六センチメートルのナンヨウスギ(*Araucaria cunninghamii*)は、樹齢が一二〇年であった。

これらの樹木については移植時の年齢がわからず、現地とは異なる自然条件で育ったことに注意する必要がある。それに当然かもしれないが、ボゴール植物園では、樹種や個体によって、直径と推定樹齢の関係にばらつきが認められた。かろうじてわかったことは、ハッサイカオ調査地で幹直径六〇センチメートルのマングローブを樹齢一三五年と推定した結果は、まったくの誤りではなさそうなことぐらいである。ただし、この一三五年という値は、ハッサイカオが原生林に戻るまでの年数としては、小さめの値と考えた方がよいだろう。もとの干潟にその樹木が侵入するまでの時間がわからないのだから。

4　後戻りしない自然

では、最初の疑問に戻って、二次林化したハッサイカオ調査地を、少なくとも一三五年以上にわたり人間が手をつけずに放置すると、原生的なマングローブ林が甦るだろうか。私は、そうは思わない。その理由について、森林固有の構造のことから順を追って説明しよう。

前述のように、ハッサイカオのマングローブ原生林には、実に多様な生物が存在し、それらは森の中で様々な生活を営んでいた。そして、森林内で生じる生物間の相互関係が、この原生林を一つの生態系に組んでいた。ハッサイカオばかりでなく、一般に、森林という生態系は、草原や他の生態系と比べて多数の生物種を包含する性質を持っている。この性質ができるには理由がある。

樹木は、背が高いと他の植物よりも光合成が有利になるために、丈夫な幹と枝を使って葉面を高く持ち上げている。実は、この樹木にとって当然の性質が、多様な生物を森林内で養うという、意外な効果を導き出している。この効果を産み出す森林の構造は、「階層構造」と呼ばれている。

デューク大学のA・P・スミス[4]によると、森林の階層構造は、「葉群の階層構造」、「種の階層構造」、「個体の階層構造」の三つに分けることができる。すなわち、樹木の葉群が効率よく光を受けるために、樹種毎に樹高成長の速度が違うために、および樹木が周期的に更新するために、森林に階層構造が発生すると考えられている。

では、階層構造が存在すると、森林内の環境はどのようになるのだろう。森林における階層の数が最も多くなるのが熱帯雨林である。わかりやすい例として、私たちが調べたボルネオ島にある混交フタバガキ林の垂直構造をみてみよう（図8-3）。

図で最上層にある三本は、フタバガキ科（Dipterocarpaceae）の樹木で、樹高が七〇メートル以上に達している。この巨大高木層の下部に、高木層と亜高木層の樹木群が散在している。さらに、下部の

図8-3●ボルネオ島サラワクにある混交フタバガキ林の階層構造（著者原図）
3本の樹木が樹高70mを超す巨大高木層を形成している。その下に、高木層ー亜高木層ー低木層などが存在する。図中の数字は樹木番号。1993年に、マレイシアのランビル国立公園にてスケッチ。

林床付近には低木や林床性のヤシ類などが密生している。

これらから次のことが想像できる。森林の上方は明るくて暑く、風通しがよい。雨が降ればすぐに濡れるが、あがると乾いてしまう。一方、森林の下方は、暗くて風通しが悪い。降ってきた雨はなかなか乾かず、いつもじめじめして湿度が高い。このように、樹木の垂直分布様式が、熱帯雨林の内部に大きな環境差を産み出している。樹木以外の生物の分布にとって、このことが大切なのだ。

もちろん、マングローブ林も

階層構造を持っている。ハッサイカオやソソボック調査地のライゾフォラ帯は、基本として、高木・亜高木・低木からなる三層構造を示していた。階層の数が熱帯雨林より少ないのは、海水に浸るなど、マングローブ林には環境面で多くの制約がかかるためだろう。また、マングローブ林独特の階層もみられる。それは、支柱根や直立気根など地上根が作る層である。この層には、海の生物が暮らしている。

このように、マングローブ林では、明暗差・乾湿差・冠水の有無など、垂直方向で生じる環境の違いを利用して、多様な生物が暮らしている。そして、マングローブ林は、そこに暮らす多くの生物と環境で、ひとつの生態系を形成している。

ところが、原生林が二次林に変わる瞬間に、マングローブの樹木自体が小型になって、その結果として森林内の環境の幅が狭くなり、それに適合できない生物は生息場所を失ってしまう。そのために、二次林の生物収容能力は、原生林よりも小さくなる。もちろん、原生林のシステムにあった物質の経路は途絶えてしまう。結局、生態系の主体をなす生物群が消失すると、その場所の二次林は、以前とまったく別物の生態系に変貌せざるを得ないのだ。

生物要素を多く失うと、何年待っていようが、たとえ人間が長期間放置したとしても、二次林が元の原生的なマングローブ林に戻ることはない。森林は樹木だけでできているのではない。そこに生きる生物群集を失うと、樹木が綾取る生態系自体が復元できなくなるのだ。

悲しいことに、これが私の達した結論である。だからこそ、森林の破壊は、それがよほど必要でない限り避けるべきである。

5 二次林世界の再構築

一九世紀に第二次産業革命が起こって以来、私たちは、莫大な量の資源を自然から引き出してきた。石炭・石油・鉱物・動植物などが、惜しげもなく人間生活と産業のために使われた。いわゆる技術革新が発生して、機械化とともに多くの化学製品を産出し、物資を運ぶ輸送力も強化された。その結果、人間社会のエネルギー依存度がさらに高まった。この間、食料生産と医療技術の進展により、人間の出生率と死亡率が変化し、それまで数億人だった地球の人口は、二〇世紀初頭には一六億人以上に、現在では一挙に七〇億人を超えるまで急な増加をみせた。人類史上はじめて、人口の大爆発が起こったのだ。

実は、急増した人口を支える自然資源は、地球上に充分は存在していなかった。そのために、現在、「自然資源の枯渇」と「環境の劣化」が人間社会に大きな問題を投げかけている。これらの問題は、ローマクラブが「成長の限界」として、一九七〇年代に警告を発していた。残念ながら、社会の眼が経済発展に集中したため、この状況を根本から見直すことはなかった。もちろん、森林の資源もこの例外ではなかった。

約半世紀の間に、前章で示したように、マングローブ林は原生林が残る時代から二次林の時代に突入した。その間に、マングローブ林から七五%以上の現存量が失われた。他の熱帯林でも同様の現象が起こり、木材の伐採や農地の開墾などで莫大な現存量が失われている。このように、人間は、森林の存在を根本からひっくり返してしまった。しかも、元の状態を忘れた人間は、どのようにそれを復元したら良いか知る由もない。

森林の破壊は、資源の枯渇を招くだけでなく、生物多様性の喪失（ボックス5）や物質循環過程の変化を招く。森林は陸域の主要な生態系であるので、その破壊は気候の変化までもたらすことになる。その結果、人間社会の生産基盤が維持できなくなり、人々を飢餓や水不足に曝す原因にもなった。一部の地域は、農林漁業など一次生産の不振から生活困難に陥ってきたようだ。森林と人間は、この世で切り離すことができない存在である。いや、人間の方こそ、森林から離れられない存在なのだ。物質文明から始まった人間のおごりは、生物と自然の法則には通用しなかったということだ。

このように、現在、人間と森林の関係は実に危険な状態にある。未来に向かって二次林世界を再構築するという課題は、以前よりも深刻の度合いを増している。かつては、マングローブ林で、炭焼きに使う木材の価値と、森林をエビ養殖池に使う価値を比較して、損得勘定から森林を破壊していた時代があった。破壊自体が問題を引き起こした今となっては、単純な経済原理だけを基礎にして森林の場を管理していくことはできない。二次林世界の再構築は、経済だけでなくもっと広い視野を持って行わねばならないのだ。つまり、新たに作る二次林世界が現代社会の苦境を和らげるような、自然と森林に関する新しい関係が求められているのである。

繰り返すようだが、私たちが現在みている森林は、ほぼすべてが原生林を壊した後にできた二次林である。そして悲しいことに、これらを放置しても元の原生林はもはや戻ってこないだろう。前出のホィッタカーとライケンスによると、一九七〇年代には、地球の陸域の三〇％余りが森林域であった。二次林世界の再構築は、面積規模でみて一大事業になることが予想される。

この事業がとるべきプロセスは、一定の約束事のもとに行うべきである。森林はじめ自然の再構築の作業プロセスは、共通して次のようになろう。すなわち、ある規範のもとにルールを定め、それぞれの場所で「好ましい姿」を設定し、それに向けて適切な技術で現場を施工する過程をとるのが良い。

この「規範」については、環境倫理の研究者が考究を重ねている。たとえば、亀山純生[5]は、「風土的環境倫理」をたてて自然の空間設計を考えている。人間の生業・歴史・気候などのもとに規範を設ける考え方は、本書で調べたマングローブ林にもその一部が当てはまるように思われる。ただし、地域によって土地所有の形態に相当な違いがあることを考慮しておく必要はある。「規範」に関する研究はその分野に譲ることにして、ここではもう一段下がって、個々の森林で「好ましい姿」を設定するときの問題を具体的に考えてみよう。

いうまでもなく、「好ましい姿」を決めるという段階は、一連の作業にとって非常に重要である。そして、実際にそれを行う時に混乱が起こりやすい段階でもある。通常は、広い立場から意見を出してもらい「好ましい姿」の策定が始まる。ところが、困ったことに、人々からは、たいへん多くの「好ましい姿」が返ってくる。森林と人間の関係は、これまで述べたように、歴史・生活・文化のうえで、複雑に交絡している。一次産業から三次産業まで職業の違いにより、都会から地方まで場所の違いにより、また、若者から老人まで世代の違いにより、人が好ましいと考える森林の姿には相当な違いがあるのだ。まず、ここの整理が必要となる。

そもそも「好ましい姿」には、全体と地域の両方の要素がある。地域としては、木材生産の機能、局所的な防災の機能、快適な居住などが好ましい要素となる。地域要素を無視すると森林の持続性が危うくなることは、例の炭焼きシステム（第5章）で味わった苦い経験からも推察できるだろう。一方、全体としては、大気中の炭素の固定機能、陸水資源の確保、生物環境教育などが好ましい要素となる。この要素を無視すると、地球温暖化や大干ばつなど、地球的なレベルで環境問題が起こってしまう。地域性と全体性は、「好ましい姿」という車の両輪にあたる。

ここで、私たちの悩みは、二次林が小型化してしまったという事実から発生する。以前にあった大型の原生林とは違って、ひとつの二次林が多くの機能を兼ね備えることは難しいのだ。それぞれの場所にどの「好ましい姿」を採用するか、提案の選択について迷いが生じる。結局、声高に主張される意見にしたがうことになりやすい。しかし、これではいけない。私たちは、地域の森林の積み重ねとして、全体がうまく機能するような森林を作らねばならないのだ。それに、「好ましい姿」には、森林の成長や社会の変化など、時間による推移をも、かなり精密なレベルで計算に入れる必要がある。

現在、この姿のことは、国や県や町村などで議論されている。この時に、元々の意見分布が偏らないよう、またお互いの意見を聞き合うよう、議論を行う場の設定には注意が要る。大切なのは、議論の交通整理をする座長の役割である。この役割は、以前より複雑化し重要性を増している。それは、前述のように二次林が多くの機能を持つように期待されているからである。偏った専門知識を持つ者では対処できない。多様な分野の知識を持ち、科学の文脈に従って議論を結論に導けるような人材が必要になる。現在、このような人材を得ることは簡単ではない。将来的な人材育成の課題として、高等教育機関は、総合的な科学知識が持つ本来の意味を理解し、その内容を教育する体制を整え直さねばならない。

「好ましい姿」の策定が終わると、次に、実際に森林を整備する段階に入る。この作業を行う時に、持続的な生態系として二次林を整備するという立場が以前よりも強調される。ここにも、少し酷な前提条件が存在する。すなわち、生態系を扱うには、五界すべての生物と環境に関する科学情報を把握しておく必要があるのだ。残念ながら、現実はこれからほど遠い状態にある。人間は細胞に含まれる遺伝子の情報からゲノムを解読し、一部の遺伝子の機能を理解するまでになった。ところが、身の回りにある生態系については、生物種の構成はおろか、それらが作るシステムに関する知識がほとんど集積されていないのだ。

このギャップは、生物世界に関するマクロな知識のことを、人間社会が甘くみていたことから付けが回ってきたとも解釈できる。とはいえ、二次林の整備は喫緊の課題であり、不明な事象があるといって棚上げできない場合が多い。こんな時には、現有の科学を磨きながら、社会全体が力を合わせて進む。すなわち、ともに考えて謙虚に歩むしか方法がないだろう。ある種の弁証法的な手段によって、足らない知識を補充しながら正しい方向を見つけだし、さらに一歩前に進むのである。

もとより、生態学をはじめ自然科学は、自然の時空に関する情報源であり、充分な情報さえあれば地域と全体の森林の変化を予測することができる。また、人文科学や社会科学は、二次的な自然が地域社会に適合するかを、人々の生活に基づいて分析することができる。これら基礎科学の中でも、特定のフィールドを長期にわたって調べ抜いた研究者が、多くの科学情報を社会に提供することができる。非力ながら、本書ではマングローブ林の原型として原生林の構造を調べ、その原型が時間とともに変貌する状態を現場で分析し、いくつかの二次林が抱える問題を場の実情に合わせて論じたところである。現場で技術を発揮する以前の問題として、好ましい姿の議論を正しい方向に導く適確な科学情報こそが現代社会には必要である。

今のところ、この種の長期をベースにした科学情報は稀少である。経済成長期に自然や生態系のことを調べる研究者が少なかったこと、それに、多くの産業界で基礎科学の重要性がそれほど認識されなかったことが、その根底にはあるのだろう。現在、インターネット等の普及により、科学情報は万人が共有するものとなった。そんな状況下でも、科学情報を作りだす役割自体は研究者側にある。ところが、地道な長期研究を保護する空気は次第に希薄となり、研究機関の業務増から研究時間さえも少なくなってきている。もっと、人間社会の存続に関わることとして、社会全体で基礎科学を大事にする姿勢を持ちたいものである。

最後に、いささか感懐めいた私の思いを伝えたい。それは、原生林という概念とその役割にも関係することである。このまま人間社会が自然を酷使し続けるとすれば、早晩、実態としての原生林は失われてしまう。そして、実態がなくなってから時間が経過すると、その概念までもが変形し始めるだろう。かつて、原生林に接して感じた多様さと安定感、そして得体の知れぬ不可思議さは、どこへ行ってしまうのだろう。

森林の価値は、経済的な恩恵ばかりにあるのではない。それは、人間の心にも強い影響を与えることがある。人間は、不可思議な事象に興味を抱き、自らの好奇心を満たしながら、生きる知恵を身につけて育っていく。もし、好奇心の対象がなくなると、日々暮らすだけの殺伐とした世界ができてしまうだろう。森林をはじめ身近な自然は、とくに少年や青年にとって、好奇心を得る大切な場でもあるのだ。

二次林世界を再構築するときに、決してこのことを忘れてはいけない。その一部には、不可思議な自然を残し、心打たれる荘厳な森林、多様な生き物の空間を置くことが必要なのだ。矛盾めいた言い方ではあるが、「好ましい姿」の一部に、原生林のことを思いだして、人間の好奇心を呼び起こす空間を是非とも設けて欲しい。

私も、かつてのハッサイカオのようなマングローブ林で、もう一度オールドベンから学び、汲めども尽きぬ知恵の泉に耳を傾けたいと思う。いくら物質が溢れても、単調で殺伐とした世界で生きるのは願い下げだ。


（完）

box

ボックス5　「生物多様性考」岐阜大学環境報告書2016より

人間社会は、「生物多様性」を大切なものと考えている。しかし、その理由については、様々な立場から異なる意見が寄せられるだろう。本考では、岐阜の地で森林生態学者として考えたことを簡潔に述べたい。

そもそも生態学用語の「種多様性」とは、個々の種がどんな割合で生物群集を構成しているかを示す言葉である。これは、袋から二回続けて同じ色の玉を取り出す確率のことをイメージすればよいだろう。この学術用語は価値観を含まず、社会が使う「生物多様性」と比べてクールな意味合いを持つ。この生物多様性に関係して、最初に、生態学の立場から、生物的な自然がどのように設計されているかを考えてみよう。

自然のシステム概念として重要なのが「生態系」である。この生態系の分布は、空間によって大枠が規定される。それぞれの空間領域は、非生物的に決まる環境を持ち、この環境が生物の働きで変成していく。つまり、生態系とは、あくまでも生物・物理的な動的システムである。地球が太陽系というシステムに組み込まれているように、我々を含めて地球上の生物は生態系という仕組みの中で生きている。

ここで、気象・地形・地質などが規定する空間は、独自の生態系を形成する場を提供する。本州では、森林生態系の境を決める要因として、温量指数または暖かさの指数（五℃以上の月平均気温の年

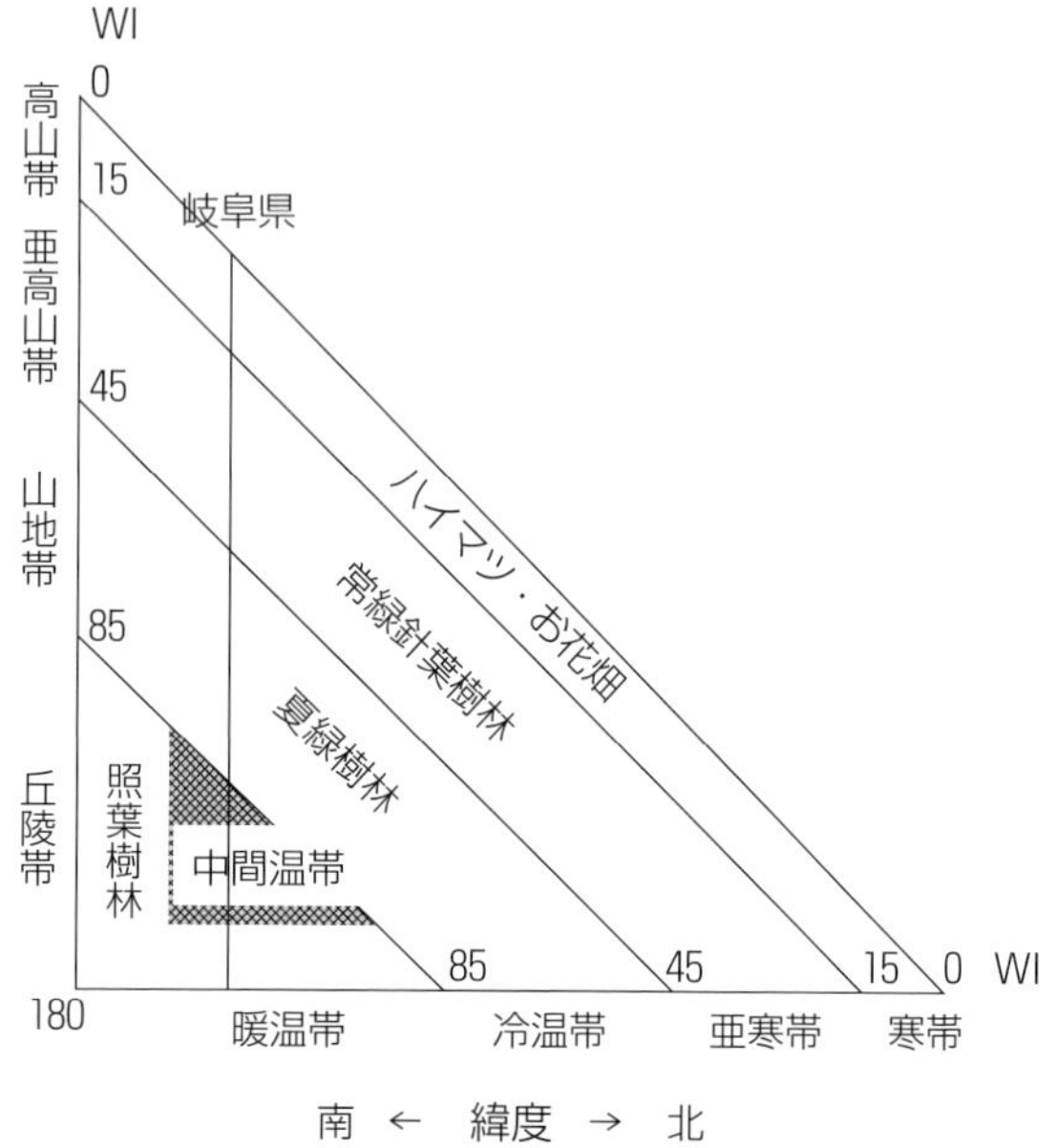

森林の空間構造

間積算値：WI）がある。緯度の違いにより照葉樹林・夏緑樹林・常緑針葉樹林・ハイマツ等という構造が決まる。温量指数は標高によっても変わるので、相同的に、丘陵帯林・山地帯林・亜高山帯林・高山帯植生という構造が生まれる。雨量が多い本州では、もっぱら気温によって区分が定まる。この基本構造の中で、岐阜県は南寄りの緯度と山岳地帯に恵まれるので、中間温帯林（暖温帯に存在する落葉樹林）を含めて、本州にあるすべての植生帯が県内に存在する。

つぎに、生物と環境の交互作用で、生態系は、時間によっても変化する。冷温帯（山地帯）の山腹では、伐採で生じた攪乱地に、キイチゴ類やヌルデなどの陽樹が遷移初期の林冠を作る。さらに時間が経過すると、ブナの他にカエデ類やシデ類などが混成する林冠ができ、最終的に陰樹のブナが生き残って極相林を作ることが多い。森林の外観は、光環境と耐陰性に関わる樹木の競争排除で変化を続け、遂には競争関係が決着してこれ以上変わらなくなる。これが極相である。なお、次の攪乱でこのレジームは再び初期化され、輪廻が繰り返される。

つまり、空間軸に沿う「生態系の多様性」と、時間軸に沿う「種の多様性」によって、生物世界は構成されているのだ。それぞれの生態系の中で、時間とともに、生物の種群が新たに出現しては、環境形成作用あるいは生物間の交互作用のうちに次の種群に交代している。

生物多様性の本質は、実に、この構造にある。時空で変化する生態系で五界すべての生物が機能を尽くして、虎視眈々と競争しながら、現世の生物世界を維持している。現状の生物世界のシステムは、進化的に生まれた多様さで維持されているのだ。安定性を望むなら、これらすべてが、私たちにとって貴重な資源となろう。何千万年もかけて築いた生物世界の設計を、人間が短期的な視野で崩すのは得策ではない。

生物世界の論理を、人間の技術論だけで解こうとするのは間違いである。まわりくどく見えても、こんな基礎科学で世界観を磨くことが重要なのである。

おわりに

　自分の仕事に、ひと区切り付けるつもりで本書を書いた。書き始めると、三〇〜五〇歳代にマングローブ林で行ったことが、昨日のことのように思い出され、書き終わると、長い旅から帰ってきたような気持ちになった。とはいえ、当時のマングローブ林の様子や社会的背景が、うまく解説できたか心配ではある。どうか、至らない所は許していただきたい。マングローブ林の素晴らしさとともに、著者の意気込みが伝わればそれだけで幸せである。

　マングローブ林の旅から帰って思うのは、今更ながら、一度壊した森林を復元することの難しさである。ノースカロライナ大学のヘルムート・リースは（第6章の文献19）、著書の序言に短くて深い文章を書いた。

「人口と富が制限なしに増加すると考えるのは、人間の自己欺瞞であり、自己滅亡への道のりである。……短期の利益と成長だけを考えて化石燃料のような資源を向こうみずに開発することは、私たちの子孫への罪に当たる。永続的な未来を築くために、注意深い計画と合理的な使用を考えるべきである」

この考えは本書にも流れている。自然環境問題の根底が人間サイドにあることを認識し、生物圏の中でマングローブ林が果たす本来の役割を理解してもらえたとしたら、著者としてはこのうえなく幸せである。

本書を閉じるにあたって、ご支援を受けた多くの方々に御礼申し上げます。最初に、マングローブ林研究に参画する機会と懇切丁寧なご指導を賜った愛媛大学名誉教授・滋賀県立大学名誉教授の荻野和彦先生に、手厚いご指導を賜った京都大学名誉教授の堤利夫先生に感謝申し上げます。師のご鞭撻なしに本書は存在しませんでした。

和田恵次氏（現、奈良女子大学）と守屋均氏（香川大学）には、ラノンとソソボックの調査で一方ならぬご支援を受けました。二宮生夫氏（愛媛大学）、大森浩二氏（愛媛大学）、玉井重信先生（当時、京都大学）、中須賀常雄先生・大西信吾氏（当時、琉球大学）、田淵隆一氏（森林総合研究所）、藤間剛氏（森林総合研究所）、森美文氏（当時、日本自然保護協会研究員）、阿部健一氏（元、京都大学）、隅田明洋氏（北海道大学）からもご支援を受けました。また、最近の科研（23405026）では、代表者の中島敦司氏（和歌山大学）と吉川賢先生（岡山大学）にお世話になりました。

現地で苦労をともにした加藤正吾氏（岐阜大学）ならびに肥後睦輝氏、そして歴代の岐阜大学森林生態学教室の学生・院生の皆様に厚く御礼申し上げます：（当時）池上加奈氏、市河三英氏、江間あゆ美氏、大根瑞江氏、大西卓宏氏、小野涼子氏、金子祐司氏、小林正典氏、近藤大介氏、佐野貴恵氏、杉原正通氏、高橋英世氏、田中亜紀氏、柾木秀幸氏、若園万実氏、野田雄弘氏をはじめとする方々。

タイ王国では、故サンガ・サバシ先生（タイ国科学技術エネルギー省）、故チット・コンサンチャイ先生（当時、王室森林局）ならびにサニット・アクソンケオ先生（当時、カセサート大学）から多大なご支援をいただきました。研究仲間としてピパック・ジンタナ先生（現、カセサート大学）、パイサン・タナペアンプン氏（海洋沿岸資源局：DMCR）、タヌウォン・サンティン・ポンパン氏（DMCR）、ピパット・パタナポンパイブン氏（当時、チュラロンコン大学）、サシトーン・ポンパン氏（現、チュラロンコン大学）、ソムサック・ピリヤヨタ氏（DMCR）、シャトリ・マクヌアン氏（DMCR）に厚く御礼申し上げます。ソンチャイ・ハバノン氏とソーポン・ハバノン氏、ビラチャート・テオピッピ氏、モンコン・カイムック氏（元、王室森林局）の御支援にも感謝申し上げます。インドネシアでは、プラムジ氏、スハルジョノ・プラビアトモジョ氏、故アリー・ブディマン氏をはじめとする当時のインドネシア科学院、ボゴール植物標本館の方たちに御礼申し上げます。

本書の原稿に対して、同志社大学理工学部の武田博清博士から、有益なご指導を受けました。また、岐阜大学の加藤正吾博士、川窪伸光博士、岩澤淳博士、大塚英俊博士、岡山大学の吉川賢博士から、文章や内容に関するご意見をいただきました。京都大学学術出版会の皆様とくに高垣重和様には、刊行に向けて大変お世話になりました。厚く御礼申し上げます。最後に、身勝手な私を背後から支えてくれた家族にも、あらためて感謝したいと思います。また、本書の刊行に、平成28年度岐阜大学活性化経費の一部支援を受けました。

引用文献

第1章

（1）Chapman, V. J. (1976)『Mangrove vegetation』, 447pp, Cramer Publishing, New York
（2）Tomlinson, P. B. (1986)『The botany of mangroves』, 419pp, Cambridge University Press, Cambridge
（3）荻野和彦（1992）マングローブ生態系、四手井綱英・吉良竜夫監修『熱帯雨林を考える』、一八〇－二〇七頁、人文書院
（4）中村武久・中須賀常雄（1998）『マングローブ入門』、二三四頁、めこん
（5）茅根創・宮城豊彦（2002）『サンゴとマングローブ』、一八〇頁、岩波書店
（6）松田義久（2011）『マングローブ環境物理学』、三七八頁、東海大学自然科学叢書
（7）テオプラストス／小川洋子（2015）『植物誌2』、七二〇頁、京都大学学術出版会
（8）Anderson, J. A. R. (1980)『A check list of the trees of Sarawak』, 364pp, Forest Department of Sarawak,
（9）国際熱帯木材機関・国際マングローブ協会など（2010）世界マングローブ分布図版集・、二一九頁、Earthscan 社
（10）Spalding, M., Blasco, F., and Field, C. Eds. (1997)『World mangrove atlas』, 178pp, Smith Settle UK.
（11）井上智美（2009）生物多様性をはぐくむマングローブ林の現実。、二頁、研究最前線第14回、国立環境研究所

（12）森川靖（2003）『樹木医学（鈴木和夫編）』、一〇六－一〇八頁、朝倉書店
（13）北宅善昭（不詳）海水で生育するマングローブ植物の生態と現状．シンポジウム紀要、一七－二四頁（www.saltscience.or.jp/symposium/3-kitaya.pdf）
（14）Scholander, P. F., Hammel, H. T., Hemmingsen, E. A., and Garay, W.（1962）Salt-balance in mangroves. Plant Phisiology 37 : 722-729
（15）Sternberg, L. S. L. and Swart, P. K.（1987）Utilization of fresh water and ocean water by coastal plants of southern Florida. Ecology 68 : 1898-1905
（16）Scholander, P. F., Van Dam, L., and Scholander, S. I.（1955）Gas exchange in the roots of mangroves. Am. J. Bot. 42 : 92-98
（17）Saenger, P. et al.（1977）Mangal and coastal salt-marsh communities in Australia. In『Ecosystem of the World vol. 1』, Elsevier Scientific, Amsterdam
（18）Wada, K., Komiyama, A., and Ogino, K.（1987）Underground vertical distributions of macro fauna and root in a mangrove forest of southern Thailand. Bull. Seto Mar. Biol. Labo. 332 : 329-333
（19）Tansley, A. G.（1935）The use and abuse of vegetational concepts and terms. Ecology 16 : 284-307
（20）木村允（1972）生態系概念の発生と展開、一四六－一五九頁、季刊科学と思想
（21）山田勇（1991）『東南アジアの熱帯雨林世界』、四二二頁、創文社．
（22）吉川賢（2014）乾燥地に生育するヒルギダマシ林の管理に向けた課題。沙漠研究 24 : 269-275
（23）Golley, F., Odum, H. T., Wilson, R.（1962）The structure and metabolism of a Puerto Rican red mangrove forest in May. Ecology 43 : 9-19.

（24） Golley, F. B., Mcginnis, J. T., Clements, R. G., Child, G. I., Duever, M. J.,（1975）『Mineral Cycling in a Tropical Moist Forest Ecosystem』, Georgia Univ. Press, Athens

（25） Lugo, A. E. and Snedaker, S. C.（1974）The ecology of mangroves. Annual Review of Ecology and Systematics 5 : 39–64

（26） Komiyama, A.、Ong, J. E., and Poungparn, S.（2008）Allometry, biomass, and productivity of mangrove forests : A review. Aquatic Botany 89 : 128–137

（27） 依田恭二（1971）『森林の生態学』、三三一頁、築地書館

（28） 桑形恒男・渡辺力・三枝信子（2007）大気と陸域生態系の相互作用 －水と二酸化炭素の交換過程に着目して－、日本気象学会創立125周年記念解説、七－一〇頁

第2章

（1） 井上民二（1998）『生命の宝庫・熱帯雨林』、二一三頁、日本放送出版協会

（2） 吉良竜夫（1983）『熱帯林の生態』、二五一頁、人文書院

（3） Schimper, A. F. W.（1898）『Plant Geography』、原典独語（不詳）

（4） リチャーズ、P・W・（1952）『熱帯多雨林 生態学的研究（吉良竜夫訳）』、五〇六頁、共立出版

（5） Whitmore, T. C.（1975）『Tropical rain forests of the Far East』, 281pp, Clarendon Press, London

（6） Tomlinson, P. B. and Zimmermann, M. H.（1976）『Tropical trees as living systems』, 675pp, Cambridge University Press, Cambridge

（7） 小倉謙（1940）「マングローブ」及濕地産植物ノ異常根ノ諸型ニ就イテ。植物学雑誌 54 : 389–484

（8） 細川隆秀（1943）『南方熱帯の植物概観』、二六四頁、朝日新聞社
（9） 今西錦司（1944）『ポナペ島－生態学的研究－』、五〇四頁、彰考書院
（10） 吉良竜夫（1967）マングローブの生態。熱帯林業五：一－一六頁
（11） 高谷好一（1988）『マングローブに生きる。熱帯多雨林の生態史』、二一三頁、日本放送出版協会（NHKブックス563）
（12） Huxley, J.（1932）『Problems of relative growth』, 312pp, in the 2nd edition by Dover Publications INC., New York.
（13） ホイットフィールド、J（野中香方子訳）（2010）『生き物たちは3/4が好き』、三四六頁、化学同人
（14） 荻野和彦（1985）「南タイのマングローブ林の現存量研究について」、30–38p、東京農大総合研究所刊『マングローブ研究』
（15） 小川房人（1974）『熱帯の生態I森林』、九八頁、共立出版
（16） Komiyama, A., Ogino, K., Aksornkoae, S., & Sabhasri, S.（1987）Root biomass of a mangrove forest in southern Thailand 1. Estimation by the trench method and the zonal structure of root biomass. Journal of Tropical Ecology 3 : 97–108
（17） Ogawa, H. et al.（1965）Comparative ecological studies on three main types of forest vegetation in Thailand. Nature & Life in SE Asia 4 : 49–80
（18） Hozumi, K. et al.（1969）Production ecology of tropical rain forest in SE Cambodia. Nature & Life in SE Asia 6 : 1–51
（19） Klinge, H.（1973）Root mass estimation in lowland tropical rain forest of central Amazonia, Brazil. Anais Acad. Bras. Ciencias 45 : 595–609

第3章

（1） ブラックマン・A『微妙な調整』（羽田節子・新妻昭夫訳、1984）翻訳版は『ダーウィンに消された男』、一六九頁、朝日新聞社
（2） ウォレス・A・R（1993）『マレー諸島』、新妻昭夫訳、上巻五七四頁、下巻五八〇頁、ちくま学芸文庫
（3） 藤間剛（1992）マングローブ林生態系の根系発達におよぼす水質と土壌の影響に関する生態学的研究、一二五頁、愛媛大学学位論文、愛媛大学リポジトリ
（4） Watson, J. G. (1928), Mangrove forest of the Malay Peninsula. 276 pp, Malayan Forest Record, No 6, Singapore.
（5） Macnae, W. (1968) A general account of the fauna and flora of mangrove swamps and forests in the Indo–West Pacific region. Adv. Mar. Biol. 6 : 73–270
（6） Chapman, V. J. (1976),『Mangrove vegetation』, 447 pp, Cramer publishing, New York.
（7） 山田勇（1991）『東南アジアの熱帯雨林世界』、四三二頁、創文社
（8） Bunt, J. S. (1996) Mangrove zonation : an examination of Data from seventeen riverine estuaries in tropical Australia. Annals of Botany 78 : 333–341
（9） Ellison, A. M., Mukherjee, B. B., and Karim, A. (2000) Testing patterns of zonation in mangroves : scale dependence and environmental correlates in the Sundarbans of Bangladesh. J. Ecol. 88 : 813–824
（10） Wang, W., Yan Z., You S., Zhang, Y, Chen, L., and Lin G. (2011) Mangroves : Obligate or facultative halophytes? Trees 25, 953–963.)
（11） Rabinowitz, D. (1978) Dispersal properties of mangrove propagules. Biotropica 10 : 47–57.

（12） 吉川賢（2014）ヒルギダマシの種特性と生存戦略、日緑工誌 39 : 474–480

第4章

（1） Robertson, A.I.and Dixon, P.（1993）Separating live and dead roots using colloidal silica : An example from mangrove forests. Plant and Spil 157 : 151–154

（2） Komiyama, A., Havanond, S., Srisawat, W., Mochida, Y., Fujimoto, K., Ohnishi, T., Ishihara, S., and Miyagi, T.（2000）Top/root biomass ratio of a secondary mangrove（*Ceriops tagal*（Perr.）C. B. Rob.）forest. Forest Ecology and Management 139 : 127–134

（3） Karizumi, N.（1974）The mechanism and function of tree root in process of forest production. Bull. Forest Experimental Station, No. 259 : 1–88

（4） Reichle, D. E.（1981）『Dynamic properties of forest ecosystems』, Cambridge University Press（IBP のデータ集）

（5） Suchewaboripont, V., Iimura, Y., Yoshitake, S., Kato, S., Komiyama, A., and Ohtsuka, T.（2015）Change in biomass of an old–growth beech–oak forest of Mt. Hakusan over a 17–year period. Jpn. J. For. Env. 57 : 33–42

（6） Briggs, S. V.（1977）Estimates of biomass in a temperate mangrove community. J. Austral. Ecol. 2 : 369–373

（7） 小見山章（2004）植物の根に関する諸問題［126］、マングローブ林の地下に眠る怪物、農業および園芸、七九：五八―六一頁

第5章

（1） 荻野和彦（1990）熱帯林の保全と生態系、『熱帯雨林そして日本』、六〇－八一頁、日本経済評論社

（2） 山畑一善（1984）『恒続林思想』、二一一頁、都市文化社

（3） Komiyama, A., Kongsangchai, J., Patanaponpaiboon, P., Aksornkoae, S., & Ogino, K.（1992）Socio-ecosystem studies on mangrove forests-Charcoal industry and primary productivity of secondary stands. TROPICS 1 : 233-242

（4） 荻野和彦ら（1989）『マングローブ生態系の生物過程と制御機構』、一一六頁、科研経過報告書（英文）

第6章

（1） Shinozaki, K., Yoda, K., Hozumi, K., and Kira, T.（1964a）A quantitative analysis of plant form-the pipe model theory I. Basic analysis. Jpn. J. Ecol. 14 : 97-105

（2） Shinozaki, K., Yoda, K., Hozumi, K., and Kira, T.（1964b）A quantitative analysis of plant form-the pipe model theory II. Further evidence of the theory and its application in forest ecology. Jpn. J. Ecol. 14 : 133-139

（3） Oohata, S., and Shinozaki, K.（1979）A statical model of plant form-further analysis of the pipe model theory. Jpn. J. Ecol. 29 : 323-335

（4） Chiba, M.（1998）Architectual analysis of relationship between biomass and basal area based on pipe model theory. Ecol. Model 108 : 219-225

（5） Komiyama, A., Poungparn, S., Kato, S.,（2005）, Common allometric equations for estimating the tree weight of mangroves. J. Trop. Ecol 21 : 471-477

（6） Whittaker, R.H. and Likens, G. E.（1975）The biosphere and man. In『Primary productivity of the biosphere』, 305–328., Springer–Verag

（7） Miller, S.D. et al.（2004）Biometric and micrometeorological measurements of tropical forest carbon balance. Ecol. Appl. 14 : 114–126

（8） Johnstone, L. M.（1981）Consumption of leaves by herbivores inmixed mangrove stands. Biotropica 13 : 252–259

（9） Poungparn, S., Komiyama, A., Tanaka, A., Sangtiean, T., Maknual, C., Kato, S., Tanapeampool, P., and Patanaponpaiboon, P.（2009）Carbon dioxide emission through soil respiration in a secondary mangrove forest of eastern Thailand. J. Trop. Ecol. 25 : 393–400

（10） Poungparn, S., Komiyama, A., Sangteian T., Maknual, C., Patanaponpaiboon, P., and Suchewaboripont, V.（2012）High primary productivity under submerged soil raises the net ecosystem productivity of a secondary mangrove forest in eastern Thailand. J. Trop. Ecol. 28 : 303–306

（11） Luyssaert, S., Schulze, D., Borner, A., Knoh, A., Hessenmoller, D., Law, B.E., Ciais, E., and Grace, J.（2008）Old–growth forests as global carbon sinks. Nature 455 : 213–215

（12） 大塚俊之（2013）山岳地域における森林生態系の炭素フラックスの時間変動とその要因．地学雑誌 122 : 615–627

（13） Araujo, A. C., et al.（2011）Comparative measurement of carbon dioxide fluxes from two nearby towers in a central Amazonian rainforest : the Manaus LBA site. J. Geogr. Res. 107D208090

（14） Barr. J. G. et al.（2006）Carbon assimilation by mangrove forest in the Florida Everglades. Amalgam 1 : 27–37

（15） Barr, J. G. et al.（2010）Controlls on mangrove forest–atmosphere carbon dioxide exchanges in western Everglades

National Park. J. Geogr. Res. 115 : G02020
(16) Alongi, D. M. (2011) Carbon patterns for mangrove conservation : Ecosystem constraints and uncertainties of sequestration potential. Env. Sci. 14 : 462–470
(17) Ong, J. E., Gong, W. K., and Clough, B. F. (1995) Structure and productivity of a 20-year-old stand of *Rhizophora apiculata* mangrove forests. J. Biogeography 22 : 417–427
(18) Day, J. W., Conner, W.H., Ley, L. H., Day, R.H. and Navarro, A.M. (1987) The productivity and composition of mangrove forests,. Aquatic Botany 27 : 267–284
(19) Lieth, H. and Whittaker, R. H. (1975)『Primary productivity of the biosphere』, 339pp, Springer-Verlag
(20) Lovelock, C. E. (2008) Soil respiration and belowground carbon allocation in mangrove forests. Ecosystems 11 : 342–354
(21) Komiyama A., Ong J. E., and Poungparn S. (2008), Allometry, biomass, and productivity of mangrove forests : a review. Aqua. Bot. 89 : 128–137
(22) 茅根創・宮城豊彦 (2002)『サンゴとマングローブ』、一八〇頁、岩波書店
(23) Menezes, M, Berger, U., and Worbes, U. (2003) Annual growth rings and long-term growth patterns of mangrove trees from the Bragança peninsula, North Brazil. Wetlands Ecology and Management 11 : 233–242

第7章

(1) Perak State Forestry Department (1981) "THE MATANG MANGROVE FOREST RESERVE PERAK (Hassan, A.H.A. ed.)", 115pp., Rajan & Co. (Printers) SDN. BHD., Ipoh, Perak.

（2） Ohnishi, T. & Komiyama A.（1998）Shoot and root formation on cut–pieces of viviparous seedlings of a mangrove, *Kandelia candel*（L.）Druce. Forest Ecology and Management 102 : 173–178
（3） Komiyama, A., Tanapeampool, P., Havanond, S., Maknual, C., Patanaponpaiboon, P., Sumida, A., Ohnishi, T., and Kato, S（1998）Mortality of cut pieces of viviparous mangrove（*Rhizophora apiculata* and R. *mucronata*）seedlings in the field condition. Forest Ecology and Management 112 : 227–231
（4） 原田光・畦地崇敬（2002）南西諸島におけるメヒルギ科島嶼集団の遺伝的変異　AFLPを用解析（内閣府政策統括官沖縄振興局）、二四九–二六〇頁、マングローブに関する調査研究報告書（平成13年度）
（5） Komiyama, A., Chimchome, V., & Kongsangchai, J.（1992）Dispersal patterns of mangrove propagules.–A preliminary study on *Rhizophora mucronata*–. Res. Bull. Fac. Agr. Gifu Univ. No. 57 : 27–34
（6） Komiyama, A., Santien, T., Higo, M., Patanaponpaiboon, P., Kongsangchai, J., and Ogino, K.（1996）Microtopography, soil hardiness and survival of mangrove seedlings planted in an abandoned tin–mining area. Forest Ecology & Management 81 : 243–248
（7） Kongsangchai J.（1988）Forest ecological study of mangrove silviculture. 112pp, Phd. Thesis of Kyoto University

第8章

（1） Faulkner, W. THE BEAR.、一四七頁、大阪教育図書昭和44年版（英文）
（2） 井上一郎（1975）W・フォークナー：『熊』の殺戮は何を意味するか．長崎愛学教養部紀要．人文科学一五：一二三–一三九頁
（3） 吉良竜夫（1983）『熱帯林の生態』、二五一頁、人文書院

（4）Smith, A. P. (1973) Stratification of temperate and tropical forests. The American naturalist 107 : 671–683
（5）亀山純生（2005）『環境倫理と風土』、二四七頁、大月書店

用語解説（五十音順）

異化：生物が化学物質を複雑な構造から単純な構造に変えることをいう。土壌微生物が植物由来の糖分を分解して、呼吸成分の二酸化炭素に変えることはこの一例である。この反応により生活に必要なエネルギーが得られる。

大潮と小潮：満月と新月の時は大潮で、潮の干満の差が最も激しい。半月の時は小潮で、一日の潮位差が小さい。

拡大造林：戦争で荒廃した日本の山を、針葉樹で人工林化して、生産力を上げようとした。数ヘクタール以上の面積で樹木を皆伐し、その後に苗木を植栽し、除伐や間伐や枝打ちなどを行い、最終的に伐採・収穫する林業システムをとった。

攪乱：災害で安定した環境が乱されて、気象条件や土壌条件などがその場所で変わること。生物群集にとっては、攪乱による環境の初期化にともない、新しいレジームができる。

下層木：林冠を形成する上層木の下にあり、林床部で生育する樹木群。下層だけで暮らす樹種もあれば、将来高木となる樹種の子供もある。

乾季、雨季：高緯度の熱帯地方には、季節風の関係で一年の一定時期に湿った空気が入る。このために季節的な雨が降る。タイ王国は、四月から九月まで雨季、一〇月から三月まで乾季がある。

幹生果：通常の果実は幹から別れた枝先に付いているが、幹生果は幹の表面に直接付く果実である。温帯ではあまり見ない。ドリアンやジャックフルーツなど、大型の実が幹に付く光景は奇妙にみえる。

ケーブル根：マングローブは、地下根を水平方向に広げるために、土中に中径サイズの根を張り巡らせている。このケーブル根に地上根が連結し呼吸を担当している。ケーブル根の一部から細根が分岐して養分吸収を行っている。

杭根：稚樹が地面に定着する時、胚軸を下ろした位置にできた根のことをいう。たいてい樹体の直下に位置しており、根系の中で最も古い根の部分である。

呼吸根：通常の樹木では、地下根の呼吸は直接的に表皮を通して行われる。ところが、湿地にあるマングローブは、地下根から地上に伸びた呼吸根を持つ。これらの呼吸根から、酸素が地下の根に送られている。また、ガジュマルの気根のように、枝の一部や幹から呼吸根を出すパターンもある。

根系：基本的には個体全体の根の形状を表す。たとえば、主根－側根－細根が、どのようにつながっているか、根系とはその様子を表す言葉である。

ココヤシ：ヤシ科の単子葉植物。栽培種で、ココナッツ・オイルやジュースをとる。マングローブ地帯では、人間の影響をはかる目安ともなる。

コンセッション：政府等が森林の運営権を民間に売却する制度。入札の結果、コンセッションを取得した業者が伐採許可を取得し、その場所の経営を一時的に担う。

五界：現在、生物は、モネラ界・原生動物界・真菌界・動物界・植物界の五つに分けられている。それぞれ機能が異なり、五界の生物が集まって生物圏を形成している。

細根：水や養分の吸収を行う根で、直径は二ミリメートル以下とされる。寿命は短く、半年から一年の間で細根は入れ替わることが多いとされる。細根が成長して大きな根に育つことはない。樹木にとって、葉と同様に生理活性が高い器官である。
砂州：潮流で海に砂が堆積して、中州や橋・岬状になった場所。天橋立のような地形が、マングローブ地帯に多く存在する。
散布：種子や繁殖子が媒体を通じてばらまかれること。媒体には、重力、動物、風、水などがある。子孫の配置は、生物にとって非常に重要なプロセス。
シオマネキ：熱帯の干潟に多いカニの一種で、片方の大きなはさみを潮を招くように振ることからこの名前が付いた。
資源：生物の生活に必要な物質やエネルギーのこと。樹木にとって、水や光エネルギーは重要な資源である。また、植物にとって、成育する空間も資源のひとつに挙げられる。
食物網：食物連鎖ともいう。生態系の生物間で行われるエネルギーの交換網のことをいう。生産者から高次の消費者、低次の消費者につながっていく。
純生産量：光合成により、植物の器官が形成される速度。積み上げ法では、成長量と枯死量と被食量の和となる。
スズ：元素記号S_nの金属で、かつては缶詰容器のコーティング剤、食器類、伝統工芸品などに使われていた。今は使い道が減っている。
施業：林業で行われる一連の作業をまとめて施業と呼ぶ。造林施業は、植栽・地ならし・間伐・枝打ち・伐採などの作業で構成されている。
生命力：観念論として、生物の成長や形態の変化を促す未知の力のことをいう。科学では実証できない観念上の力。生気論などが有名である。

相互関係（生物の）：二種以上の生物が互いに影響し合う生活上の関係。同一資源を争う競争、寄生、共生、捕食、すみわけなどがある。

耐陰性：樹木が日陰に耐えて生きる力。耐陰性の強い樹木は、暗い光環境でも葉で光合成を行うことができ、陰樹と呼ばれる。耐陰性の弱い樹木は、陽樹と呼ばれる。

帯状伐採：帯のように細長く森林を伐採する方式。伐採された場所と森林が残る場所が、交互にベルト状に並ぶ状態ができることが多い。

大陸移動：ウェゲナー（一九一二年）が主張した。大陸は地球表面を滑るように移動し、場所や形を変えるという説。とくに南米とアフリカ大陸の形状や動植物の分布から、この説が考えられた。のちに、プレートテクトニクス理論で、大陸移動の原動力がわかった。

高床式の家：マングローブ地帯では、家を海に突きだして作る。舟の使用やゴミの廃棄に便利であるし、蚊など害虫・害獣を避ける意味もあるだろう。ライゾフォラの通直な幹を使って、床を地上から持ち上げ家の骨組みを作る。そして、ニッパヤシで屋根や壁を葺く。

地峡：陸の一部や半島がくびれたところ。本書では、マレー半島のクラ地峡のほか、ハルマヘラ島のドディンガ・ボバニゴ間で地峡という言葉を使った。

稚樹：樹木は種子を林地に落として、それが発芽することによって森林に根づく。森林の下層で暮らす比較的若齢の樹木を指す。これらの中には、次代の森林を担うものが含まれる。

地下足袋：とくに現地を歩きたい人のために、日本の地下足袋はマングローブ林で必需品である。林業用の底の厚いものがよい。

地拵え：植林のために地面を整えること。邪魔になる灌木や草本等を取り除き、地面をあらかじめ掃除する作業で、苗木を植栽する下地を作る。

潮間帯（感潮域）：海岸部で、満潮線と干潮線の間にある部分のことをさす。日常的に潮が侵入する部分で、潮感域ともいう。

積み上げ法：森林の一次生産力を調べる方法の一つ（内容はボックス1）。実際に現場で測定した量をもとに一次生産を推定するので確実性は高い。しかし、計測不能な要素があると過小推定に陥ることに注意が要る。

定着：樹木の種子が散布され、地面で発芽した稚樹、これらが順調に根付くことをいう。定着後一年間の稚樹の死亡率はきわめて高いことが知られている。

適応放散：生物が進化して系統に分かれ、それぞれの棲み場所に従う生理的・形態的を示すことによって、分布地を拡大していくこと。

トッケイ：南タイなどでよく目にする比較的大型のトカゲ。家の壁などで明かりによってくる昆虫を狙っている。夜になると、トゥッケイという鳴き声を連発する。熱帯の夜の風物詩。

トビハゼ：有明海のムツゴロウをイメージすればよい。この魚は、泥の上を歩くことができる。マングローブの干潟には必ずといっていいほど棲息している。

同化：外界から摂取した物質を、生物体の構成物質に変えること。光合成で緑色植物が物質を合成するのが同化の一例である。この反対に、同化物を細菌類などが分解して呼吸で放出することを「異化」という。

同定：図鑑や植物標本で種を同じものと判別すること。種の記載があった標本をタイプ標本という。

根箱法：土壌の断面にガラス面を置いて、その表面から根の長さや伸長量を測定する方法。

白亜紀：地球の地質時代の一つ。約一億四五〇〇万年前から六六〇〇万年前まで続いた。中生代恐竜時代の終焉期でもある。新生代古第三紀の暁新世に続く。

半透膜：物質を選択して、生物にとって有効なものだけを透過する膜のこと。

伐倒調査：樹木の個体の重さを、幹・枝・葉について計測するために、根元で樹木を切り倒して行う調査。幹を切り倒し、根を掘り、枝を切り離し、葉を手でむしり、それぞれの器官重を地道に実測する。個体重のデータを元に、相対成長式が組み立てられる。

被食痕：葉に開いた穴など、昆虫などにより樹体の一部が食われることがある。この模様のことを指す。

被食量：とくに樹木の葉が昆虫や動物によって食われた量のことをいう。葉だけでなく、幹や根や果実も被食を受ける。樹木の被食量を定量する方法はまだ未開発である。

皮目：ヒモクと読む。樹皮に開いた呼吸を行う穴のこと。葉では気孔に相当する。桜の木の肌についた模様は、ヒモクの形によってできている。

風土病：その土地あるいは環境に特有で、その場所で繰り返し起こる病気のことをいう。

不定根：樹体の一部に不定芽ができ、そこから臨時的に伸びた根のことをいう。

フェノロジー：生物季節学ともいう。一年の中で開葉や開花のタイミングと気象要素の関係などを調べ、生物の季節的現象が起こる原因を明らかにする。

巾乗数：ベキジョウスウと読む。数式の上で何乗という数値の部分。相対成長式では器官間の成長速度の比例常数となり、生物的に重要な意味を含んでいる。ダーシィ則などについて、最近でも生態学者の興味が集まっている。

プロトコル：もとはコンピュータ関係の用語で、ある目的を達するまでの手順を定めたものを意味する。

プロット：森林に調査地を作るとき、たいていは長方形などの形を取る。この調査地のことをプロット、方形枠またはコードラートと呼んでいる。

法正林：林学用語で、林業収益の面で正常な成長をする森林のことをいう。樹木群に、毎年の収穫量に相当する成長量が見込まれる。

保健・防災機能：森林が持つ公益機能の一つで、リクリエーションを含め健やかな生活を保障する環境、土砂崩れなどを防止して安全な暮らしを保証する要素である。

補植：植林時に植えた苗が死んだ場合、それを新しい苗に植えかえることをいう。

貿易風：低緯度地方に一定方向で吹く風。コリオリ力でもたらされる。この風は地球周航や大航海時代の原動力となった。

毎木調査：森林を一定面積の区画に区切って、その中の樹木について、いわば戸籍調査を行う作業。分布、樹木種、幹の直径と樹高などを定量的に調べて記録する。

実生：ミショウと読む。果実等が林床に落ちて発芽した小型の樹木をいう。萌芽など栄養繁殖で更新した個体は、これには含めない。

吉野林業：現在の奈良県にある最も古い林業地の一つである。室町時代末期に、いわゆる吉野杉の植林が行われた記録がある。密植が有名で、過去には酒樽用の丸太が、間伐材として流通していた。戦後の木材需要時をピークにして、現在は木材価格の低迷に悩んでいる。

落葉落枝：英語ではリターという。樹木の一部が枯死して、土壌に落ちたものをいう。土壌の栄養源となり、土壌動物や微生物など分解者の栄養源となる。

林冠と樹冠：樹木の個体の枝葉の層を樹冠という。個々の樹冠の集まりで、森林全体の枝葉の層を林冠という。

林冠ギャップ：老衰や災害などで、樹木が枯死してできた林冠の穴のことをいう。ここは、上方からの日光が入射する生物活性の高い場所となる。

林床：森林の地表面付近のことをいう。ここの日射量は林冠部の数%にすぎず、相対的に暗くて湿気の高い場所である。

林班：林業では、生産力の同じ土地を区分して管理している。林班はその土地区画の一つで、普通は、沢や尾根で囲まれる部分をまとめたものである。林班の下位の単位に、林小班がある。

林分：樹木の種と大きさ（年齢）がそろった森林の一団地をいう。

林齢：森林の年齢。ある場所で攪乱が起こり、そこに新しい森林ができてから現在に至るまでの年数。個体の樹木の年齢は樹齢という。

ルートトラップ法：根の成長量と枯死量を計測するひとつの方法で、あらかじめ土壌に根を含まない土壌コアを設置して、定期的にコアを採取してその中の生根と死根の量を計測する。

冷温帯：温帯は、暖温帯と冷温帯の二つに分かれている。気温が冷涼なこの植生帯では、落葉広葉樹が主体となる。ブナ・ミズナラなどはその代表である。別名、夏緑樹林ともいう。

索　引

小見山　章（こみやま　あきら）

1951年　京都市に生まれる
1971年　京都大学農学部入学、同修士課程を修了した後に、農学研究科博士後期課程を単位取得退学し、1989年に農学博士（京都大学）。専門は森林生態学と造林学。

現職、岐阜大学・応用生物科学部・教授。元応用生物科学部・学部長および元岐阜大学理事（学術研究・情報・国際戦略担当副学長、図書館長）。

著書に『森の記憶――飛騨・荘川村六厩の森林史』（京都大学学術出版会）、『岐阜から生物多様性を考える』（監修、岐阜新聞社）など。

学術選書

マングローブ林

――変わりゆく海辺の森の生態系　　学術選書 079

2017 年 3 月 24 日　初版第 1 刷発行

著　　者…………小見山 章
発 行 人…………末原 達郎
発 行 所…………京都大学学術出版会
京都市左京区吉田近衛町 69
京都大学吉田南構内（〒 606-8315）
電話（075）761-6182
FAX（075）761-6190
振替 01000-8-64677
URL http://www.kyoto-up.or.jp

印刷・製本…………㈱太洋社
装　　幀…………鷺草デザイン事務所

ISBN 978-4-8140-0088-3

定価はカバーに表示してあります
Printed in Japan

学術選書［既刊一覧］

＊サブシリーズ　「心の宇宙」→ 心　「宇宙と物質の神秘に迫る」→ 宇　「諸文明の起源」→ 諸

035 ヒトゲノムマップ　加納 圭
036 中国文明　農業と礼制の考古学　岡村秀典　諸6
037 新・動物の「食」に学ぶ　西田利貞
038 イネの歴史　佐藤洋一郎
039 新編 素粒子の世界を拓く　湯川・朝永から南部・小林・益川へ　佐藤文隆 監修
040 文化の誕生　ヒトが人になる前　杉山幸丸
041 アインシュタインの反乱と量子コンピュータ　佐藤文隆
042 災害社会　川崎一朗
043 ビザンツ　文明の継承と変容　井上浩一　諸8
044 江戸の庭園　将軍から庶民まで　飛田範夫
045 カメムシはなぜ群れる？　離合集散の生態学　藤崎憲治
046 異教徒ローマ人に語る聖書　創世記を読む　秦 剛平
047 古代朝鮮　墳墓にみる国家形成　吉井秀夫　諸13
048 王国の鉄路　タイ鉄道の歴史　柿崎一郎
049 世界単位論　高谷好一
050 書き替えられた聖書　新しいモーセ像を求めて　秦 剛平
051 オアシス農業起源論　古川久雄
052 イスラーム革命の精神　嶋本隆光
053 心理療法論　伊藤良子　心7
054 イスラーム　文明と国家の形成　小杉 泰　諸4
055 聖書と殺戮の歴史　ヨシュアと士師の時代　秦 剛平
056 大坂の庭園　太閤の城と町人文化　飛田範夫
057 歴史と事実　ポストモダンの歴史学批判をこえて　大戸千之
058 神の支配から王の支配へ　ダビデとソロモンの時代　秦 剛平
059 古代マヤ　石器の都市文明［増補版］　青山和夫　諸11
060 天然ゴムの歴史　ヘベア樹の世界一周オデッセイから「交通化社会」へ　こうじや信三
061 わかっているようでわからない数と図形と論理の話　西田吾郎
062 近代社会とは何か　ケンブリッジ学派とスコットランド啓蒙　田中秀夫
063 宇宙と素粒子のなりたち　糸山浩司・横山順一・川合 光・南部陽一郎
064 インダス文明の謎　古代文明神話を見直す　長田俊樹
065 南北分裂王国の誕生　イスラエルとユダ　秦 剛平
066 イスラームの神秘主義　ハーフェズの智慧　嶋本隆光
067 愛国とは何か　ヴェトナム戦争回顧録を読む　ヴォー・グエン・ザップ著・古川久雄訳・解題
068 景観の作法　殺風景の日本　布野修司
069 空白のユダヤ史　エルサレムの再建と民族の危機　秦 剛平
070 ヨーロッパ近代文明の曙　描かれたオランダ黄金世紀　樺山紘一　諸10
071 カナディアンロッキー　山岳生態学のすすめ　大園享司
072 マカベア戦記㊤　ユダヤの栄光と凋落　秦 剛平